Edward Ishiguro / Natasha Haskey / Kristina Campbell

GUT MICROBIOTA
Interactive Effects on Nutrition and Health

肠道菌群
对营养和健康的交互影响

编　著　〔美〕爱德华·伊西古罗
　　　　〔加〕娜塔莎·哈斯基
　　　　〔加〕克里斯蒂娜·坎贝尔

主　译　付祥胜　汤小伟　黎　军

天津出版传媒集团

天津科技翻译出版有限公司

著作权合同登记号：图字：02-2018-370

图书在版编目(CIP)数据

肠道菌群：对营养和健康的交互影响／(美)爱德华·伊西古罗(Edward Ishiguro),(加)娜塔莎·哈斯基(Natasha Haskey),(加)克里斯蒂娜·坎贝尔(Kristina Campbell)编著；付祥胜,汤小伟,黎军主译. —天津：天津科技翻译出版有限公司,2021.5

书名原文：Gut Microbiota: Interactive Effects on Nutrition and Health

ISBN 978-7-5433-4068-8

Ⅰ.①肠… Ⅱ.①爱… ②娜… ③克… ④付… ⑤汤… ⑥黎… Ⅲ.①肠道微生物-研究 Ⅳ.①Q939

中国版本图书馆 CIP 数据核字(2021)第 017936 号

Gut Microbiota: Interactive Effects on Nutrition and Health
Edward Ishiguro, Natasha Haskey, Kristina Campbell
ISBN-13: 9780128105412
Copyright © 2018 Elsevier Inc. All rights reserved.
Authorized Chinese translation published by Tianjin Science & Technology Translation & Publishing Co., Ltd.

《肠道菌群：对营养和健康的交互影响》(付祥胜,汤小伟,黎军主译)
ISBN: 9787543340688
Copyright © Elsevier Inc. and Tianjin Science & Technology Translation & Publishing Co., Ltd. All rights reserved.
No part of this publication may be reproduced or transmitted in any form or by any means, electronic or mechanical, including photocopying, recording, or any information storage and retrieval system, without permission in writing from Elsevier (Singapore) Pte Ltd. Details on how to seek permission, further information about the Elsevier's permissions policies and arrangements with organizations such as the Copyright Clearance Center and the Copyright Licensing Agency, can be found at our website: www.elsevier.com/permissions.
This book and the individual contributions contained in it are protected under copyright by Elsevier Inc. and Tianjin Science & Technology Translation & Publishing Co., Ltd.

This edition of Gut Microbiota: Interactive Effects on Nutrition and Health is published by Tianjin Science & Technology Translation & Publishing Co., Ltd. under arrangement with Elsevier INC.

This edition is authorized for sale in China only, excluding Hong Kong, Macau and Taiwan. Unauthorized export of this edition is a violation of the Copyright Act. Violation of this Law is subject to Civil and Criminal Penalties.

本版由 Elsevier INC.授权天津科技翻译出版有限公司在中国大陆地区(不包括香港、澳门以及台湾地区)出版发行。
本版仅限在中国大陆地区(不包括香港、澳门以及台湾地区)出版及标价销售。未经许可之出口,视为违反著作权法,将受民事及刑事法律之制裁。
本书封底贴有 Elsevier 防伪标签,无标签者不得销售。

注意

本书涉及领域的知识和实践标准在不断变化。新的研究和经验拓展我们的理解,因此须对研究方法、专业实践或医疗方法作出调整。从业者和研究人员必须始终依靠自身经验和知识来评估和使用本书中提到的所有信息、方法、化合物或本书中描述的实验。在使用这些信息或方法时,他们应注意自身和他人的安全,包括注意他们负有专业责任的当事人的安全。在法律允许的最大范围内,爱思唯尔、译文的原文作者、原文编辑及原文内容提供者均不对因产品责任、疏忽或其他人身或财产伤害及/或损失承担责任,亦不对由于使用或操作文中提到的方法、产品、说明或思想而导致的人身或财产伤害及/或损失。

中文简体字版权属天津科技翻译出版有限公司。

授权单位：Elsevier(Singapore)Pte Ltd.
出　　版：天津科技翻译出版有限公司
出 版 人：刘子媛
地　　址：天津市南开区白堤路 244 号
邮政编码：300192
电　　话：(022)87894896
传　　真：(022)87895650
网　　址：www.tsttpc.com
印　　刷：天津市蓟县宏图印务有限公司
发　　行：全国新华书店
版本记录：710mm×1000mm　16 开本　11 印张　250 千字
　　　　　2021 年 5 月第 1 版　2021 年 5 月第 1 次印刷
　　　　　定价：88.00 元

(如发现印装问题,可与出版社调换)

译者名单

主　译　付祥胜　汤小伟　黎　军

副主译　汤善宏　王显飞　熊永福

译　者（按姓氏汉语拼音排序）

蔡微尘　川北医学院
陈小林　阆中市人民医院
杜鑫浩　川北医学院附属医院
付祥胜　成都医学院第一附属医院
黄文涛　川北医学院
蒋林菁　川北医学院
黎　军　成都医学院第一附属医院
李　青　武汉大学人民医院
刘　娟　川北医学院附属医院
刘朝谕　川北医学院
罗旭娟　川北医学院附属医院
倪　阵　西部战区总医院
彭　惟　绵阳市中心医院
孙　丹　川北医学院附属医院
谭莎丽　西南医科大学附属医院
汤善宏　西部战区总医院
汤小伟　西南医科大学附属医院
唐　潇　阆中市人民医院

唐桢桢　川北医学院附属医院
王　俊　川北医学院附属医院
王　琨　川北医学院
王显飞　川北医学院附属医院
吴迪梁　川北医学院
席春晖　川北医学院附属医院
熊永福　川北医学院附属医院
许　威　川北医学院
闫　丽　川北医学院附属医院
姚程扬　川北医学院
张　红　川北医学院附属医院
钟　月　川北医学院
周家豪　川北医学院

中文版前言

人类消化道中存在大量微生物，并在人体的一系列重要生理功能中发挥关键作用。近年来，随着分子生物学技术的进步，微生物的相关研究也突飞猛进。胃肠道不再仅仅是消化和吸收营养物质的场所，其中微生物群的组成及功能非常复杂，经由胃肠道的各类物质都可与其发生交互作用，从而对人体健康及疾病发生产生重要影响。肠道微生物学是当前医学研究最重要的领域之一，科学研究也取得了大量重要成果，正在革新人类对营养与健康的认知，并可能对许多疾病的治疗策略带来革命性的变化。

随着消化道微生物领域大量重要研究成果的不断涌现，本领域和交叉学科的研究人员迫切需要了解这些最新进展。但是目前对这些研究成果的系统介绍以及科普却较为滞后，特别是在国内，尚缺乏对肠道菌群与营养和健康关系的系统的、有循证依据的、实用的书籍资料。

国外这方面的专著较多，经过比较，我们决定翻译《肠道菌群：对营养和健康的交互影响》一书。本书涵盖内容较广，包括了肠道菌群领域最新的重要研究成果，行文简洁易懂，可供国内相关领域医师和研究者、营养专家、医学生及大众参考。

本书重点介绍了肠道菌群与营养、健康之间有趣的研究成果。从肠道菌群的一般概念，到最新的研究进展；从肠道菌群的基础理论知识，到临床实用建议；从菌群组成的描述性研究，到干预性实验；同时还展望了肠道菌群和营养研究的未来，指出了当前的研究空白，并对这一领域当前亟待解决的问题进行了探讨。

需要指出的是，消化道微生物群非常复杂，包括了从口腔到直肠多个部位的上千种微生物，这些微生物又分为细菌、古细菌、病毒及真菌。目前研究较多且较为充分的是大肠内的细菌,因此本书名称及相关章节着重描述了"肠道菌群"。随着研究技术的进步和更多研究成果的出现,相信不久的将来,人类对整个消化道微生物群的组成和功能将有更加深入的理解和认识。本图书出版受到国家自然科学基金资助(项目编号:81972315)。

本书翻译不妥之处,敬请批评指正!

2021 年 1 月 20 日

前　言

早在一个多世纪以前,人们已经发现:动物消化道中存在大量微生物,并且很早就认识到,人类胃肠道从出生开始便有微生物定植。但直到20世纪40年代,在成功培育出第一批稳定的无菌啮齿动物之后,我们才开始了解体内这些微生物的重要性。在接下来的几十年中,无菌动物的研究揭示了这些动物在免疫功能、生理活动和解剖发育方面极度异常,而携带正常菌群的动物则不会表现出这些异常特征。此外,通过人为引入正常肠道微生物种群,至少可以部分逆转这些异常特征,表明肠道微生物在一系列重要生理功能中发挥关键作用。遗憾的是,肠道微生物群的复杂性阻碍了人们对其作用机制的深入理解。直到20世纪下半叶,随着分子生物学技术的进步,微生物的研究才开始突飞猛进。2008年开始的人类基因组计划,更是开启了肠道微生物群研究飞跃的新篇章。

如今,胃肠道不再仅仅被看作是消化和吸收营养物质的"管道",其功能的复杂性已显而易见。研究人员已经认识到,经由胃肠道的各类物质都可能与人体内的微生物发生相互作用,从而对机体健康产生深远影响。得益于肠道微生物组及膳食领域的研究成果,肠道微生物学是当前医学研究最重要的领域之一,而对营养的深入了解是科学探索的最前沿。

肠道微生物组的大量研究数据正在不断涌现,每年都有数千篇相关科研论文发表,因此几乎不可能随时了解此研究领域的最新进展。健康专家和科学家被来自媒体和普通大众的各种问题"狂轰",但知识普及确实滞后于科学发现。一些畅销书和媒体的"炒作"反而阻碍了人们对肠道微生物组的认识,但是目前确实缺乏综合循证依据信息的、临床实用的、详尽的书籍资料。我们编写本书的目的是在科学研究和知识普及之间架起一座桥梁,为健康专家、科学家以及学生提供有关营养及肠道微生物组知识的科学标准。

本书特色

《肠道菌群:对营养和健康的交互影响》一书重点介绍了肠道菌群与营养之间的相互关联。内容涵盖了菌群研究领域重要的科学发现,以及其与医学营养的相互联系。本书的目的是总结近年来肠道菌群研究领域最新的研究成果,并以简明扼要的方式呈现给读者。前部分章节着重介绍了肠道菌群的重要概念,后部分章节重点介绍了肠道菌群与营养科学的应用进展。每章节在开始都强调了主要目的,同时还对重要概念进行了强调和详细解释。本书对人类研究和动物研究(适当情况下)都进行了讨论。

章节概述

第1~5章介绍了微生物组的一般概念,为接下来的饮食营养和应用相关章节奠定基础。第1章首先介绍了微生物组的重要定义和概念,阐释了微生物组研究在过去10年里进展如此之快的原因和过程。第2章详细介绍了肠道菌群的组成和功能,以及在免疫系统中的作用。在第3章中,读者将了解肠道菌群的来源,以及从婴儿期到老年期的整个生命过程中所发生的变化。第4章阐述了肠道菌群与不同健康状态及疾病之间的联系。第5章解释了抗生素和其他药物等环境因素对肠道菌群的影响。第6章深入探讨营养,讨论各类食物成分如何影响人体菌群的组成和功能,以及何种膳食可能会破坏正常的微生物群。

最后4章的主要内容是肠道菌群和营养科学的实际应用。第7章介绍了如何借助益生菌等干预措施,调控疾病状态下的肠道菌群。第8章解释了营养学和微生物组的常见问题,并提供了有实用价值和循证依据的饮食推荐策略。第9章阐述了肠道菌群研究如何应用于食品科学,如功能食品的开发。第 10 章总结全书,展望肠道菌群和营养研究的未来,指出当前的研究空白,并对未来几年内这一领域亟待解决的问题进行了讨论。

本书编者将持续关注肠道菌群与营养领域的新思想和研究进展,非常重视读者的反馈与建议,欢迎随时联系与交流。

爱德华·伊西古罗

娜塔莎·哈斯基

克里斯蒂娜·坎贝尔

致　谢

感谢所有在编写本书过程中给予我们建议、鼓励和支持的同事。感谢您选择本书,希望它能成为您日常工作与研究的参考。

特别感谢 David Despain 为本书第 9 章提供了非常有价值的参考内容。

献给 Ann，感谢她多年来无私的支持。

爱德华·伊西古罗

我要感谢我的丈夫 Ryan Haskey，是他鼓励和支持我写这本书。我还要感谢所有热爱营养行业的营养师，是他们激励着我去追求我对肠道健康的热爱。最后，我要感谢我的母亲，是她一直相信我的一切努力。

娜塔莎·哈斯基

献给 Rob 和 Connie，是他们教会了我工作，是他们给予了我坚定的爱和支持。

克里斯蒂娜·坎贝尔

目 录

第 1 章　人类微生物组概述 ………………………………… 1

第 2 章　肠道菌群 …………………………………………… 15

第 3 章　生命周期中的肠道菌群 …………………………… 34

第 4 章　肠道菌群对健康和疾病的影响 …………………… 46

第 5 章　遗传和环境对肠道菌群的影响 …………………… 74

第 6 章　营养对肠道菌群的影响 …………………………… 86

第 7 章　调控肠道菌群的治疗方法 ………………………… 108

第 8 章　实用饮食建议 ……………………………………… 130

第 9 章　肠道菌群与营养科学的应用 ……………………… 140

第 10 章　肠道微生物群和营养学的未来 …………………… 148

索引 …………………………………………………………… 155

第 1 章
人类微生物组概述

目的
- 了解人体与其相关微生物之间的关系。
- 熟悉人体微生物组的术语和研究方法。
- 了解旨在研究"正常"人类微生物组特征的大型计划。

什么是人类?

人类,即智人,通常被定义为一种脑容量大的双足灵长类动物,具有语言能力和使用复杂工具的能力。人类的 22 000 个基因决定了头发和眼睛的颜色、疾病易感性、认知能力,甚至是性格。然而,最近的研究表明,对人类的这种认识是不够的。

人体从内到外都被一层微生物所覆盖:细菌、古细菌、真菌和病毒。虽然这些微生物太小,肉眼无法看到,但它们是人类生物学的基本组成部分。没有这些微生物,人类和人类的祖先就不可能生存(Moeller 等,2016);它与我们共同进化了数百万年,被认为是人类健康和生存所必需的主要器官系统。这些微生物生活在一个以人为核心的生态系统中;人类是宿主,为微生物提供维持其生存所需的资源。

微生物学研究方法

人类微生物组研究的起步阶段

Antonie van Leeuwenhoek,一位从事贸易的布商,因发现了单细胞微生物而闻名,他将其称之为"小动物"(Dobell,1932)。17世纪末,通过简单手工制作的显微镜,他发现了不同来源的样品中都存在微生物。Leeuwenhoek 是第一个观察到人体微生物的人,在他的一次腹泻疾病中,他偶然在牙菌斑和大便样本中发现了微生物。不过,直到约两个世纪后,随着新的研究技术问世,人们才开始了解 Leeuwenhoek 发现的重要意义。

Robert Koch 非凡的研究生涯横跨了 1876—1906 年,被称为"细菌学的黄金时代"(Blevins 等,2010)。1876 年,Koch 发表了一篇论文,证明炭疽是由炭疽芽孢杆菌引起的,首次为疾病的细菌理论提供了证据(Blevins 等,2010)。但他最初的实验室细菌培养方法粗糙,不适合常规使用,阻碍了他的进一步探索。要获得纯培养物,即由单一细菌组成的培养物,他需要一种能够支持细菌生长的固体培养基。Koch 试图在土豆片表面或明胶固化的培养基上培养细菌,但没有成功。他的同事 Walther Hesse 的妻子 Fannie Angelina Hesse 建议使用琼脂来固化液体培养基,这使他们的研究出现了突破性进展 (Hesse 和 Gröschel,1992)。利用这种新的培养基,Koch 和他的同事开发了分离和研究纯细菌培养物的方法。这对医学微生物学的发展产生了立竿见影的影响,1878—1906 年间,共发现了 19 种新的细菌病原体与特定的感染性疾病有关。随着显微镜和微生物生物化学的发展,这些技术得到了进一步的完善和提高,在现代微生物学实验室中得以广泛应用。它们不仅为依赖于培养的微生物学奠定了基础,而且促进了微生物学从致病性研究扩展到生物化学、遗传学、生态学和生物技术等多个领域。

到了 20 世纪 80 年代,人们越来越意识到微生物的丰富性和多样性,在环境中无处不在(Whitman 等,1998),这促使了研究策略的转变。用显微镜在环境样本中观察到的绝大多数微生物,在实验室中无法进行培养,这说明自然界中微生物群落的复杂性。可观察微生物和可培养微生物之间的这种差异现象,被称为"巨大的菌落计数异常"(Staley 和 Konopka,1985)。通常,用标准平板方法只能计数细菌总数的 0.1%~1.0%。因此,科学家们意识到,仅仅依靠培养方法完全不足以研究复杂的细菌群落,例如那些在人体中定植的细菌种群,这促使人们寻找新的方法。

不依赖于培养的微生物学在人类微生物组研究中的应用

几项重大发现为不依赖培养的微生物研究方法的进步奠定了基础,这使人们首次可以观察到自然微生物种群中不可培养的那部分菌群,例如人类微生物群。Carl Woese 最早在这方面做出了重要贡献 (Pace 等,2012)。20 世纪 60 年代,Woese 开始研究微生物的进化,提出了一些经典古生物学方法无法回答的看似棘手的问题。微生物是单细胞生物,体形微小而柔软,除了极少数极为罕见的情况外,没有留下任何化石记录。即使它们成功地形成化石,也很难显示其独特的可识别的形态特征,以足以鉴别其种类。因此,Woese 用分子系统发育的方法来追溯微生物的进化史。在这种追踪微生物进化的方法中,他提取了细胞核糖体(所有细胞生命中最丰富的细胞器,执行蛋白质生物合成的基本功能),并对其中一个成分的序列进行比较分析:小亚单位核糖体 RNA 或 SSU rRNA。Woese 认为,这些序列[即腺嘌呤、尿嘧啶(或脱氧核糖核酸中的胸腺嘧啶)、胞嘧啶和鸟嘌呤四种化学碱基的顺序]之间的相似性和差异,反映了这些序列与其母代微生物的系统发育关系。

多年来,Woese 和他的同事们收集并比较分析了大量微生物的 SSU rRNA 序列。用 Woese 自己的话说,SSU rRNA 是"终极分子计时器"(Woese,1987)。SSU rRNA 分为 18S 和 16S 两种,真核细胞的特征是基因组被核膜包裹,具有 18S rRNA,而形态上较简单的缺乏核膜的原核细胞具有 16S rRNA。通过对 16S rRNA 序列的分析,Woese 和他的同事们发现,实际上有两组不同的原核细胞:细菌(最初命名为真细菌)和新发现的"古细菌"(Woese 和 Fox,1977)。1990 年,这个课题组提出了一个新的分类方案,涵盖了地球上所有的生命形式,将其分为 3 类:一类是真核生物,包括所有真核细胞;另外两类是原核生物,包括细菌和古细菌(Woese 等,1990)。SSU rRNA 序列不仅包含定义这 3 类生物的独特短序列,还包含将细胞划分到特定门水平的独特序列(Woese,1987)。基于 SSU rRNA 序列的通用系统发育树如图 1.1 所示。

Woese 进行了开创性的研究工作,从核糖体纯化 SSU rRNA,对其进行烦琐的直接测序。几项关键的技术进步扩展了 SSU rRNA 分析的应用范围 (Escobar-Zepeda 等,2015)。1977 年 Sanger 发明了 DNA 测序法,1980 年 Mullis 发明了聚合酶链反应(一种允许将少量任何所需的 DNA 序列放大几个数量级的方法),这两项发明可以对从环境中直接提取的 DNA 样本的 SSU rRNA 基因进行克隆和测序。该方法首次实现了无须提前进行微生物培养,就能进行复杂的微生物群落特征分析。进入 21 世纪,随着高通量二代 DNA 测序技术和先进计算方法的快速进步,DNA 序列信息能被进一步阐明。这些方法极大地扩展了对从环境样本中直接提取的微生物群落 DNA 的分析范围,不只是 SSU rRNA 基因;它使整个基因组测序成为可能,称为宏基因组学 (Handelsman,2004)。在全基因组鸟枪式测序中,DNA 序列被随机地打断为较小的 DNA 片段;计算机程序通过提取这些片段并寻找重叠区域来重新组合成完整的序列。宏基因组序列提供了哪些细菌存在于微生

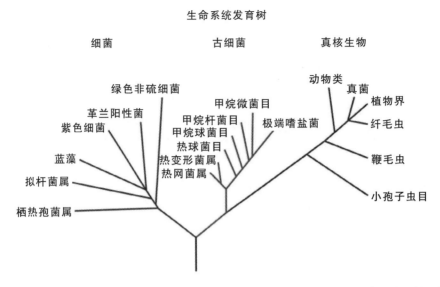

图 1.1 基于 SSU rRNA 序列分析的通用系统发育树解释了地球上所有的生命形式。树根假设是最早的共同祖先，每个分支代表不同的系统发育群。分支的长度反映了各自的进化时间。[From Maulucioni(CC BY-SA 3.0).]

物群落中的信息,并至少能部分预测这些基因编码的功能。这些新方法使人们进入一个新时代,微生物学家摆脱了对细菌培养的依赖,能够"看到"大多数不能培养的微生物,它们构成复杂的微生物群落(如人类肠道菌群),以及单个群落成员的遗传潜能(Qin 等,2010)。而特别令人感兴趣的是微生物群的代谢能力、它们与人类代谢的相互作用,以及其对人类健康的影响。

回归到依赖于培养的微生物研究

戏剧性的是,微生物组学研究已经回归到了一个需要甚至必须培养的阶段:如在确定构成肠道菌群的许多物种的个体表型特征时。例如,小鼠肠道的节段丝状细菌(SFB),可特异性地与免疫系统相互作用(刺激 B 细胞和 T 细胞的成熟,增加小肠 Th17 细胞的反应性),在经过 50 多年的尝试后,最终被成功培养出来(Schnupf 等,2015;Ericsson 等,2015)。最近的一份报告表明,与人们的一般认识相反,新鲜粪便样本中的大多数细菌事实上是可以培养的。研究人员按照相对简单的程序,在单一培养基上就能培养这些细菌(Browne 等,2016)。有趣的是,超过一半的分离细菌能够形成抗性孢子。研究人员证明,这种特性显著地促进了细菌在肠道环境外的生存,他们认为,这可能在这些细菌的人际传播中发挥作用。

术语

我们可以将生活在人体内部以及表面的微生物分为4大类,即:细菌、古细菌、真核生物(包括真菌)和病毒。"microbes"和"microorganisms"这两个词异形同义,包括上述所有的4种微生物类别。

微生物群落("microflora")一词常被当作"microbiota"的同义词。微生物群落的最初定义可以追溯到17世纪早期,它起源于拉丁语"flor",意为"花"。尽管它的定义已经演变,但一些词典仍然把微生物群落诠释为"微观植物或微环境中的植物或花"。毫无疑问,根据这些定义及其起源,"microflora"一词是指植物而非微生物(Marchesi 和 Ravel,2015);现在,生活在一个栖息地的微生物群落被统称为"微生物群"(microbiota,无论单复数)。

作为常用术语,微生物组(microbiome)一词并不仅仅指代微生物本身。联系上下文,它可以有两种含义。一是特指微生物生存的整个环境,包括微生物本身、它们的基因组及其周围环境。而另一种更为狭义的含义则是"微生物群所有成员基因和基因组的集合"。

微生物组成(microbiota composition)是指生活在某一特定栖息地的所有微生物的集合。而分类学(taxonomy)则是指识别、命名和分类微生物,是科学家进行观察的重要基础。微生物可以在不同的分类水平上被命名,命名层次由宽泛到具体依次是界、门、纲、目、科、属、种和菌株(如表1.1所示:从不同分类水平命名一种细菌的结果)。当研究人员能确定某种微生物的具体分类时,即他们的数据精确度更高时,他们通常能获得更为丰富的信息。

表1.1 不同的分类水平下的细菌名称(以大肠杆菌 K-12 菌株为例)

分类水平	名称
界	细菌
门	变形菌门
纲	变形菌纲
目	肠杆菌目
科	肠杆菌科
属	大肠杆菌属
种	大肠杆菌
菌株	大肠杆菌 K-12 菌株

微生物群的功能(microbiota function)是指一个环境中的微生物群所能发挥的作用。为了探索微生物群的功能,研究人员使用宏基因组学方法(如前所述)从一群微生物中提取和克隆DNA,以研究其成员的基因组和基因;并能根据细菌的基因来创建它们的功能目录(Marchesi等,2016)。

成人体内外的微生物平均占体重的1%~3%(美国国立卫生研究院,2012年),相比其他微生物的数量,细菌占有绝对优势。最近认为,细菌细胞与人类细胞数目的比率约为1.3:1(Sender等,2016),而非此前普遍估计的10:1。

"正常"人体微生物组的特征

探索人类微生物组的第一步是界定"正常"特征,包括不同人群中可能存在的变异范围。尽管这一艰巨任务远未完成,但得益于两个大型计划的研究成果:人类微生物组计划(HMP)(Turnbaugh等,2007;Methé等,2012;Huttenhower等,2012)和欧洲人类肠道宏基因组计划(MetaHIT)(Qin等,2010),我们已经在理解微生物组方面取得了重大进展。参与这两个项目的研究人员收集了来自多个大洲的2000个健康人体的肠道和其他身体部位的样本(Lloyd-Price等,2016)。

人类微生物组计划

美国国立卫生研究院(NIH)在2007年底开始实施HMP计划(NIH HMP工作组等,2009)。这项为期5年、耗资1.5亿美元(约9.8亿元人发币)的计划旨在鉴定正常人类微生物群的总体特征,并分析其在人类健康和疾病方面的作用。

为了确定健康人群的微生物组特征,HMP研究人员从242名志愿者(129名男性和113名女性)中取样,这些志愿者分别来自美国的两个不同地区:贝勒医学院和华盛顿大学医学院(NIH HMP工作组等,2009)。研究人员首先对志愿者进行了疾病筛查,并将他们归类为"健康"。再从每名志愿者的口腔、鼻腔、皮肤(两耳后各一,两内肘部各一)、下消化道(粪便)和女性的阴道(三个部位)收集了超过11 000个样本。而为了评估微生物组在受试者体内的稳定性,项目组又在第一次取样(219±69)天后对部分个体(N=131)进行了二次取样。为了阐明微生物群的特征,项目组采用了16S rRNA基因分析方法,其中部分样本采用鸟枪测序法进行宏基因组学分析(Turnbaugh等,2007)。

2012年,HMP报告称他们已经确定了各个栖息部位的微生物分类和基因组成情况(Huttenhower等,2012)。由此,HMP成为第一个对健康人体不同栖息部位的细菌进行分类的大型研究。

研究人员证实，在人体不同的栖息部位，微生物群落的组成和多样性存在巨大差异。例如，就群落组成而言，口腔和肠道的菌群组成尤为多样化，而定植在阴道的菌群则非常简单。没有任何微生物类群普遍存在于所有部位和个体之中。在单一的检测时间点，每个栖息部位的菌群具有一个或几个相似的菌群分类特征；但是，即使在健康个体之间，每个部位"标签"微生物的多样性和丰度也存在很大差异，而且在个体内部以及个体之间，都观察到了明显的微生物部位特异性。在对这些部位进行再次检测时，个体内部的微生物群落的变化始终小于个体之间的变化，这一发现说明每个人都有属于自己的独特而稳定的微生物群落。借此，HMP的研究者们得出结论，这种菌群组成的稳定性可能是与健康密切相关的人类微生物组的一大特征。

HMP也是囊括了人体不同栖息部位菌群的标记基因和宏基因组数据的大规模研究之一（Huttenhower等，2012）。与个体不同部位及样本间菌群相对丰度的变化相比，个体间微生物基因相对丰度的变化要小得多。这一发现表明"功能冗余"现象的存在——不同代谢活性的细菌在不同的个体中具有相似的功能。低丰度基因在不同栖息部位的差异最为明显，因此研究人员推测这些基因的功能与身体特定部位的活动有关。

HMP初步概述了西方人群中健康成年人微生物群的特征，它不仅是理解微生物之间关系的重要基础，也是了解健康微生物组与临床参数之间联系的基石。该项目发现的微生物群落的个体差异，在推进微生物组紊乱相关疾病的研究中是至关重要的。最后，HMP创造了一个有关分类、信号通路和基因的泛用目录，可供后续研究者们参考。

人类肠道宏基因组计划

2008年初，欧盟和中国联合启动了"人类肠道宏基因组计划"（MetaHIT），该项目既有小目标，也有更广阔的目的。MetaHIT的重点并不是研究身体不同部位的微生物组，而是致力于研究肠道微生物群，并试图将人类肠道微生物群的基因与人体健康和疾病等状态联系起来。该研究小组由来自8个国家的代表组成，并与来自学术界和工业界的14个组织保持合作关系。该计划获得了约2200万美元（约1.44亿元人民币）的资助，经费主要来自欧盟的第七科技框架计划（FP7计划）。

MetaHIT计划的目的是阐明人类肠道微生物群的基因与健康和疾病之间的

关系(Qin 等,2010)。因此,研究小组采集了 124 名来自丹麦和西班牙的健康人、超重或肥胖的成年人,以及炎性肠病(IBD)患者的粪便样本。对 IBD 和肥胖的重视是基于这些疾病在欧洲的社会影响。在研究中,MetaHIT 计划对总共 330 万个非冗余基因进行了分类,这一数字是所有之前报道的微生物 DNA 序列数量之和的近 200 倍(Roblcs-Alonso 和 Guarner,2014)。更加引人注目的是,该计划发现的微生物基因数目是人类基因的 150 倍之多。MetaHIT 计划还发现,每个人体携带超过 53.6 万个广泛存在的独特基因,这表明这 330 万个基因库中的大部分是整个人类所共有的。每个人都与至少半数以上的人类共享近 40% 的微生物基因组。

目录中的大部分基因(99.1%)都来自细菌,其次是古细菌,仅有 0.1% 的基因来自真核生物和病毒。整个基因集中包含约 1000 种普遍存在的细菌,而每个人体的胃肠道则至少拥有其中的 160 种。其中拟杆菌门和厚壁菌门细菌的丰度最高,虽然不同个体间的相对比例存在一定差异。MetaHIT 计划产生了人类肠道微生物组的第一个参考基因目录——包括 330 万个非冗余基因(Ursell 等,2012)。

微生物组的研究进展

2012 年,中国进行了一项基于 368 份 2 型糖尿病(T2D)患者和非糖尿病对照组粪便样本的大型宏基因组关联研究(Qin 等,2012)。研究阐明了与 T2D 相关的肠道宏基因组的遗传和功能成分。这项研究非常重要,因为其不仅更新了人类微生物基因参考目录,还将来自一个新种族和 T2D 患者的基因信息添加到 HMP(Huttenhower 等,2012)和 MetaHIT(Qin 等,2010)制订的现有目录中,145 个新的肠道宏基因组被添加到非冗余基因目录中。

2008 年至 2013 年间,爱尔兰的 ELDERMET 计划招募了近 500 名 65 岁及以上年龄的受试者,涵盖了从非常衰弱到非常健康的各类老年人,其中有一半人在多时间点接受了研究。ELDERMET 为老年人正常微生物群的组成和功能问题提供了重要答案(Claesson 等,2011),例如,揭示了老年人肠道微生物群的组成、饮食和健康之间的关系(Claesson 等,2012)。

整合基因目录(IGC)是囊括了全球迄今为止发现的肠道微生物群最全面的参考基因目录(Costalonga 和 Herzberg,2014;Li 等,2014)。IGC 包括来自 1070 个人体的 1267 个肠道宏基因组测序数据,这些数据有来自 MetaHIT 计划的欧洲样本,也有来自 HMP 计划的美国样本,还有来自中国的大型糖尿病研究样本,创建了一个包含 980 万个微生物基因的非冗余基因目录。其中每个样本包含约 75 万个基因,约为人类基因数量的30倍,其中只有不到30万的基因为50%以上的人群所共有。这项最新研究中发现的大多数新基因相对罕见,在人群中小于1%。此外,通过分析来自丹麦和中国的人体样本,IGC发现肠道微生物群在不同人群中具有不同的特征。

2010年,人类口腔微生物组数据库(Dewhirst等,2010)开始启动。该数据库收集了约700个可在人类口腔中检测到的原核生物信息,并可通过网络访问。通过16S rRNA基因序列数据库,该研究描述了口腔微生物组的特征,旨在确定口腔微生物群的相对丰度,并识别新的待查菌群。

现有数据表明,人类肠道微生物组的分类正在进入鉴别罕见或个体特异性基因的阶段,而不是鉴别常见的共有基因。要了解微生物组在促进健康和疾病中的作用,最重要的是首先要了解健康个体和慢性病患者的微生物组特征(Shreiner等,2015)。表1.2概述了目前世界各地正在进行的大规模人类微生物组研究计划,但其中许多项目的结果目前仍属未知。

操作分类单元、丰富度、均匀度和多样性

当研究人员对细菌群落取样时,他们会采集细菌序列数据,并将可能属于同一分类的细菌种类汇聚在一起,换句话说,他们根据预先确定的相似度阈值(例如,97%的相似度)来定义操作分类单元(OTU)。OTU是相似的细菌个体,例如可以是门或种。在一个样本中,OUT的丰度可以有巨大变化。

丰富度是生物群落中物种的数量而不考虑每个物种的丰度,而均匀度是群落中每个物种的个体数量——即OTU丰度的分布。

细菌样本的多样性通常用Shannon指数表示(H',也称为Shannon-Wiener或Shannon-Weaver指数)(Hill等,2003)。考虑到物种数量和细菌个体在这些物种中的分布情况,该指数衡量了在已知群落的情况下,预测识别下一个采样细菌个体在统计上的困难程度。样本中的稀有物种越多,H'值越高。Shannon指数与丰富度和均匀度均呈正相关。

一些科学家提出,不应依赖单纯的数目来代表微生物生态群落中的复杂关系和相互作用,而应当引入如物种丰度模型(显示物种丰度在种群中的分布)这样的复杂方法,更好地呈现其多样性(Hill等,2003)。

表 1.2　目前开展的大规模人类微生物组研究计划

项目名称	参与国家	研究重点	网址
国际人类微生物组联盟（IHMC）	澳大利亚，加拿大，中国，法国，冈比亚，德国，哈萨克斯坦，爱尔兰，日本，韩国，西班牙，美国	工作重点是创建一个共享的综合数据资源，使研究人员能够阐明人类微生物组的组成与人类健康和疾病之间的关系（2007 年至今）	http://www.humanmicrobiome.org/
美国国立卫生研究院人类微生物组计划二期	美国	旨在描述人体多个部位微生物群落的特征，并寻找微生物组变化与人类健康之间的相关性（2013 年至今）	http://ihmpdcc.org/
欧盟——"我的新肠道"计划	奥地利，澳大利亚，比利时，加拿大，丹麦，法国，德国，爱尔兰，意大利，荷兰，新西兰，塞尔维亚，西班牙，英国，美国	正在研究肠道微生物组在能量平衡、大脑发育/功能，以及饮食相关疾病和行为发生中的作用（2013 年至今）	http://cordis.europa.eu/project/rcn/111044_en.html
APC 微生物组研究院	爱尔兰	正在探索胃肠道细菌（微生物组）在健康和疾病中的作用（2013 年至今）	http://www.sfi.ie/assets/media/files/downloads/Investments/APC.pdf
MetaGenoPolis（MGP）计划	法国	旨在应用定量方法来确定人类肠道菌群对健康和疾病的影响（2013 年至今）	http://mgps.eu/index.php?id=accueil

（待续）

表1.2(续)

项目名称	参与国家	研究重点	网址
加拿大微生物组织计划	加拿大(国际合作)	分析和描述人体内定植的微生物及其在慢性疾病状态下的潜在变化(2008年至今)	http://www.cihr-irsc.gc.ca/e/39939.html
欧盟-联合行动"肠道微生物"计划	国际合作	促进多学科跨国研究,共享,整合数据并进行荟萃分析,研究方法标准化,以分析,理解人类饮食-肠道微生物组的相互作用(2016年至今)	https://www.healthydietforhealthylife.eu/index.php/joint-actions/microbiomics

Adapted from Stulberg, E., et al., 2016. An assessment of US microbiome research. Nat. Microbiol. 1 (1), 15015. Available from: http://www.nature.com/articles/nmirobiol201515.

全基因组模型的演进

细菌能与人类基因相互作用,这些新的数据使科学家不得不改变人类是作为单独物种进化的观点。现在认为,微生物组与动物和人类的进化过程密不可分,它们在不同的阶段帮助宿主在行为和生理功能上适应其环境。如图1.2所示,宿主及其所有相关的微生物被视为一个共生功能体;全基因组模型将宿主基因组及其微生物组视为同一个进化单元,共同经历自然选择(Zilber-Rosenberg和Rosenberg,2008)。

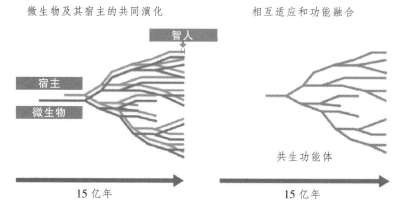

图1.2 微生物及其宿主随时间的演进关系。(From Kilian, M., Chapple, I.L.C., Hannig, M., Marsh, P.D., Meuric, V., Pedersen, A.M.L., Tonetti, M.S., Wade, W.G., Zaura, E., 2017. The oral microbiome—an update for oral healthcare professionals. Br. Dent. J. 221, 657–666.)

测序方法的评价

科学家们一直在争论,进行微生物群研究时,究竟是该采用16S rRNA(16S)测序,还是全基因组乌枪(WGS)测序。尽管仅能产生粗糙的分类信息和宏基因组推测结果,但由于时间和成本效益上的优势,16S测序目前仍被广泛使用在大多数微生物群研究中(Janda和Abbott,2007)。而WGS测序则能提供菌株水平上的信息,以及有关微生物功能的数据,但对研究者有更高的计算能力要求。倘若成本可以降低,同时先进的生物信息学工具可供更多研究人员使用,WGS测序将得到更加广泛的应用。

(刘娟 蔡微尘 许威 译)

参考文献

Blevins, S.M., et al., 2010. Robert Koch and the "golden age" of bacteriology. Int. J. Infect. Dis. 14 (9), e744–e751. Available from: http://www.ncbi.nlm.nih.gov/pubmed/20413340.

Browne, H.P., et al., 2016. Culturing of "unculturable" human microbiota reveals novel taxa and extensive sporulation. Nature 533 (7604), 543–546. Available from: http://www.nature.com/doifinder/10.1038/nature17645.

Claesson, M.J., et al., 2011. Composition, variability, and temporal stability of the intestinal microbiota of the elderly. Proc. Natl. Acad. Sci. U. S. A. (Suppl. 1), 4586–4591. Available from: http://www.ncbi.nlm.nih.gov/pubmed/20571116.

Claesson, M.J., et al., 2012. Gut microbiota composition correlates with diet and health in the elderly. Nature 488 (7410), 178–184.

Costalonga, M., Herzberg, M.C., 2014. The oral microbiome and the immunobiology of periodontal disease and caries. Immunol. Lett. 162 (2 Pt A), 22–38. Available from: http://www.ncbi.nlm.nih.gov/pubmed/25447398.

Dewhirst, F.E., et al., 2010. The human oral microbiome. J. Bacteriol. 192 (19), 5002–5017. Available from: http://www.ncbi.nlm.nih.gov/pubmed/20656903.

Dobell, C., 1932. Antony van Leeuwenhoek and His "Little Animals": Being Some Account of the Father of Protozoology and Bacteriology and His Multifarious Discoveries in These Disciplines. Harcourt, Brace and Company, New York. Available from: https://archive.org/details/antonyvanleeuwen00dobe.

Ericsson, et al., 2015. Isolation of segmented filamentous bacteria from complex gut microbiota. BioTechniques 59 (2), 94–98. Available from: http://www.biotechniques.com/BiotechniquesJournal/2015/August/Isolation-of-segmented-filamentous-bacteria-from-complex-gut-microbiota/biotechniques-359879.html.

Escobar-Zepeda, A., Vera-Ponce de León, A., Sanchez-Flores, A., 2015. The road to metagenomics: from microbiology to DNA sequencing technologies and bioinformatics. Front. Genet. 6, 348. Available from: http://www.ncbi.nlm.nih.gov/pubmed/26734060.

Handelsman, J., 2004. Metagenomics: application of genomics to uncultured microorganisms. Microbiol. Mol. Biol. Rev. 68 (4), 669–685. Available from: http://www.ncbi.nlm.nih.gov/pubmed/15590779.

Hesse, W., Gröschel, D.H.M., 1992. Walther and angelina hesse-early contributors to bacteriology. ASM 58 (8), 425–428.

Hill, T.C.J., et al., 2003. Using ecological diversity measures with bacterial communities. FEMS Microbiol. Ecol. 43 (1), 1–11.

Huttenhower, C., et al., 2012. Structure, function and diversity of the healthy human microbiome. Nature 486 (7402), 207–214. Available from: http://www.ncbi.nlm.nih.gov/pubmed/22699609.

Janda, J.M., Abbott, S.L., 2007. 16S rRNA gene sequencing for bacterial identification in the diagnostic laboratory: pluses, perils, and pitfalls. J. Clin. Microbiol. 45 (9), 2761–2764. Available from: http://www.ncbi.nlm.nih.gov/pubmed/17626177.

Li, J., et al., 2014. An integrated catalog of reference genes in the human gut microbiome. Nat. Biotechnol. 32 (8), 834–841. Available from: http://www.nature.com/doifinder/10.1038/nbt.2942.

Lloyd-Price, J., Abu-Ali, G., Huttenhower, C., 2016. The healthy human microbiome. Genome Med. 8 (51).

Marchesi, J.R., Ravel, J., 2015. The vocabulary of microbiome research: a proposal. Microbiome 3 (1), 31. Available from: http://microbiomejournal.biomedcentral.com/articles/10.1186/s40168-015-0094-5.

Marchesi, J.R., et al., 2016. The gut microbiota and host health: a new clinical frontier. Gut 65 (2), 330–339. Available from: http://www.ncbi.nlm.nih.gov/pubmed/26338727.

Methé, B.A., et al., 2012. A framework for human microbiome research. Nature 486 (7402), 215–221. Available from: http://www.nature.com/doifinder/10.1038/nature11209.

Moeller, A.H., et al., 2016. Cospeciation of gut microbiota with hominids. Science 353 (6297), 380–382.

National Institutes of Health, 2012. NIH Human Microbiome Project defines normal bacterial makeup of the body. Available from: https://www.nih.gov/news-events/news-releases/nih-human-microbiome-project-defines-normal-bacterial-makeup-body.

NIH HMP Working Group, et al., 2009. The NIH Human Microbiome Project. Genome Res. 19 (12), 2317–2323. Available from: http://www.ncbi.nlm.nih.gov/pubmed/19819907.

Pace, N.R., Sapp, J., Goldenfeld, N., 2012. Phylogeny and beyond: scientific, historical, and conceptual significance of the first tree of life. Proc. Natl. Acad. Sci. U. S. A. 109 (4), 1011–1018. Available from: http://www.ncbi.nlm.nih.gov/pubmed/22308526.

Qin, J., et al., 2010. A human gut microbial gene catalog established by metagenomic sequencing. Nature 464 (7285), 59–65. Available from: http://www.nature.com/doifinder/10.1038/nature08821.

Qin, J., et al., 2012. A metagenome-wide association study of gut microbiota in type 2 diabetes. Nature 490 (7418), 55–60. Available from: http://www.nature.com/doifinder/10.1038/nature11450.

Robles-Alonso, V., Guarner, F., 2014. From basic to applied research. J. Clin. Gastroenterol. 48, S3–S4. Available from: http://www.ncbi.nlm.nih.gov/pubmed/25291122.

Schnupf, P., et al., 2015. Growth and host interaction of mouse segmented filamentous bacteria in vitro. Nature 520 (7545), 99–103. Available from: http://www.nature.com/doifinder/10.1038/nature14027.

Sender, R., Fuchs, S., Milo, R., 2016. Revised estimates for the number of human and bacteria cells in the body. PLoS Biol. 14 (8), e1002533. Available from: http://www.ncbi.nlm.nih.gov/pubmed/27541692.

Shreiner, A.B., Kao, J.Y., Young, V.B., 2015. The gut microbiome in health and in disease. Curr. Opin. Gastroenterol. 31 (1), 69–75.

Staley, J.T., Konopka, A., 1985. Measurement of in situ activities of nonphotosynthetic microorganisms in aquatic and terrestrial habitats. Annu. Rev. Microbiol. 39 (1), 321–346. Available from: http://www.annualreviews.org/doi/10.1146/annurev.mi.39.100185.001541.

Turnbaugh, P.J., et al., 2007. The human microbiome project. Nature 449 (7164), 804–810. Available from: http://www.nature.com/doifinder/10.1038/nature06244.

Ursell, L.K., et al., 2012. Defining the human microbiome. Nutr. Rev. 70 (Suppl. 1), S38–S44. Available from: http://www.ncbi.nlm.nih.gov/pubmed/22861806.

Whitman, W.B., Coleman, D.C., Wiebe, W.J., 1998. Prokaryotes: the unseen majority. Proc. Natl. Acad. Sci. U. S. A. 95 (12), 6578–6583. Available from: http://www.ncbi.nlm.nih.gov/pubmed/9618454.

Woese, C.R., 1987. Bacterial evolution. Microbiol. Rev. 51 (2), 221–271. Available from: http://www.ncbi.nlm.nih.gov/pubmed/2439888.

Woese, C.R., Fox, G.E., 1977. Phylogenetic structure of the prokaryotic domain: the primary kingdoms. Proc. Natl. Acad. Sci. U. S. A. 74 (11), 5088–5090. Available from: http://www.ncbi.nlm.nih.gov/pubmed/270744.

Woese, C.R., Kandler, O., Wheelis, M.L., 1990. Towards a natural system of organisms: proposal for the domains Archaea, Bacteria, and Eucarya. Proc. Natl. Acad. Sci. U. S. A. 87 (12), 4576–4579. Available from: http://www.ncbi.nlm.nih.gov/pubmed/2112744.

Zilber-Rosenberg, I., Rosenberg, E., 2008. Role of microorganisms in the evolution of animals and plants: the hologenome theory of evolution. FEMS Microbiol. Rev. 32 (5), 723–735. Available from: http://www.ncbi.nlm.nih.gov/pubmed/18549407.

第 2 章

肠道菌群

目的
- 了解肠道微生物的特殊重要性。
- 熟悉影响整个消化道细菌定植的主要因素,以及消化道每个部位细菌组成的已有知识。
- 了解肠道免疫系统的复杂作用及其防御病原菌的机制。
- 了解脑肠轴以及肠道菌群对大脑的神经元激活、内分泌信号和免疫信号的潜在影响。
- 认识可能与健康和疾病有关的其他肠道微生物。

消化道细菌

简而言之,消化道是一条大的肌肉管道,摄取的食物通过该管道运动。它包括口腔、咽、食管、胃、小肠和大肠,末端是直肠和肛门(图 2.1)。

人体内外除大量细菌外(估计有 39 万亿个细菌细胞),还存在大量病毒(真核生物和原核生物)、古细菌和真菌(Reinoso Webb 等,2016)。在人体内外所有部位中,消化道中寄居的微生物群密度最高、种类最多且最活跃(Methé 等,2012)。在肠道环境(特别是结肠)中,微生物与机体系统相互作用,包括神经系统、免疫系统和内分泌系统。

肠道微生物与消化道内部空间(称为管腔)和消化道最内层(称为黏膜)都有关联。胃肠道(GI)内微生物的含量沿其长轴变化,食管和胃中微生物的多样性低、数量少,而到了结肠,微生物的多样性和数量都明显增加。尽管"肠道菌群"应该是指整个消化道中的微生物,该术语通常也表示结肠中的粪菌,因为该部位的微生

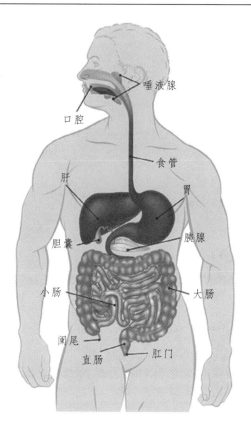

图 2.1 人体消化道概述：从上（口腔）到下（直肠/肛门）。(Reproduced with permission from Thinkstock. Human Digestive System Tract by ChrisGorgio.)

物研究最深入，并且似乎与机体健康特别相关。成年人肠道中超过 90% 的细菌是拟杆菌门和厚壁菌门，但也存在变形杆菌、放线菌、梭杆菌、疣微菌和蓝藻（Lozupone 等，2012）。

影响肠道细菌定植的因素

营养物质的起伏变化可以影响定植在肠道的微生物(如后面第 6 章所述)，但决定整个胃肠道菌群组成的因素非常复杂：由于局部变量影响细菌定植，胃肠道每个部位的细菌群落都不一样。例如氧浓度就是变量之一，肠道的解剖学和生理学为氧浓度的巨大差异创造了条件，肠腔中点处接近缺氧条件(Espey,2013)。由于与外部环境相通，胃肠道的上部处于有氧条件，因此能够在有氧条件下生长的细菌往往定植在这个区域。根据与氧气的相关性，微生物分为三类：专性需氧菌（需要氧气）、兼性厌氧菌(有氧气生长最佳但不是必须)和耐氧厌氧菌(不代谢氧气,但能在有氧环境下存活),后两者构成了胃肠道微生物的主体。常见的细菌,例如链球菌和乳酸杆菌是常见的耐氧厌氧菌。

胃肠道局部的 pH 值(酸碱度)是影响细菌在该处定植生长的另一个因素。每种细菌都有适宜的 pH 值范围,并且整个群落受此变量影响。如人体外部细菌生态系统所示,pH 值对特定位置的细菌群落多样性具有很高的预测价值(Fierer 和 Jackson,2006 年)。

整个胃肠道由环形肌肉包绕,产生的肌肉收缩波称为蠕动,持续不断地推动肠内容物前进。蠕动的频率和强度取决于食物及其在胃肠道中的位置。动物模型的证据表明,宿主胃肠道的运动可能会影响肠道微生物群落的动态(Wiles 等,2016),尚需要更多研究来阐明这种现象在人类中的作用机制。

肠道菌群与消化

消化是指通过胃肠道运输食物,将食物分解成可吸收成分,吸收营养物质,并消除固体废物的过程。目前越来越多的科学证据表明,消化是一系列复杂的机械和化学过程,受到神经和激素信号的影响。人类消化道中的微生物活动正在成为消化过程中的关键因素。

食物从消化道顶端到底端的过程,以及每个部位细菌群落的已知知识将在下面详细描述。

口腔

食物通过消化道的过程始于包含牙齿和舌头的口腔(嘴)。牙齿通过咀嚼将大块食物碎解成小块,而舌头则将食物四处移动以利于咀嚼,并激发食物吞咽运动。唾液腺分泌唾液,润滑食物并提供消化糖类、脂质和蛋白质的酶,例如,α-淀粉酶在与唾液接触后就开始消化糖类中的淀粉和糖原(Janson 和 Tischler,2012)。唾液还含有正常口腔细菌产生的分子,这些分子增加了对食物成分的味觉(Janson 和 Tischler,2012)。食物被咀嚼后形成柔软的球形混合物,称为食团,有利于吞咽。

口腔微生物组的研究已相对成熟。健康成年人口腔中存在几个不同的区域,适合独特的细菌群落生存:例如,牙齿、牙龈沟(牙齿和周围牙龈组织之间的空隙)、舌头、脸颊、软腭、硬腭和扁桃体中存在不同的细菌群落。尽管人类口腔微生物群中已检测到约 700 个物种,但每个人口腔中可能只含有其中的一小部分(Kilian 等,2016)。

人类微生物组计划的数据显示,健康人的口腔菌群既包括病原菌,也有来自外部环境的细菌。尽管口腔中每个特定部位的菌属分布不同,但所有口腔区域的细菌通常都为卟啉单胞菌科、韦荣球菌科和毛螺菌科(Segata等,2012)。

唾液蛋白和龈沟液(GCF)为某些微生物的生长提供营养(van't Hof等,2014),而糖蛋白则附着在牙釉质上并形成诸如链球菌等口腔细菌的基质,进而形成称为牙菌斑的生物膜。唾液成分包含过氧化氢(H_2O_2),这种高活性的含氧分子会对细菌造成损伤。此外,唾液还含有几种抗微生物物质,如乳铁蛋白、唾液乳过氧化物酶、溶菌酶和硫氰酸盐,它们也能破坏细菌(Janson和Tischler,2012)。亚硝酸盐是由口腔细菌将饮食中的硝酸盐转化而来,是唾液中另一种具有抗菌作用的化合物。当其处于还原状态时,会产生一氧化氮,从而抑制某些细菌的生长(Doel等,2004)。

微生物群复杂性的增加常伴随着牙周疾病(影响口腔软组织和牙槽骨)和龋齿(影响牙体硬组织)的发展(Costalonga和Herzberg,2014)。在牙周炎中,几种蛋白质降解细菌的种类增加,包括主要的病原菌牙龈卟啉单胞菌,而龋齿的发生与糖发酵细菌变形链球菌等其他细菌有关。然而,口腔微生物组的研究结果表明,单一病原体模型不能解释龋齿或牙周炎:在这些疾病中,细菌群落的许多成分都受到干扰(Costalonga和Herzberg,2014)。

咽

吞咽时,食物通过咽(喉),这是消化系统和呼吸系统共用的一段较短管腔。喉部的软骨瓣称为会厌,吞咽动作时暂时关闭气管(气道),以防止窒息。

人类咽部微生物群的知识甚少,但是对6名健康人的小型研究发现,人类鼻病毒(引起普通感冒)感染后,喉部微生物群发生变化。感染前最丰富的5个菌属是链球菌、普氏菌、罗氏菌、韦荣球菌和嗜血杆菌。感染后,研究人员观察到某些物种的相对丰度增加:副流感嗜血杆菌、浅黄奈瑟球菌以及金黄色葡萄球菌(Hofstra等,2015)。

食管

食管是通向胃的管道。食管的两端各有一个括约肌,它是一层可以打开和关闭的环形肌肉。食物通过食管进入胃后,食管下括约肌关闭,以防止其反流到食管。

研究食管微生物群的挑战在于需要有创采样,以及食管环境的动态变化性质。任何时候,唾液和反流到食管的胃内容物都会影响食管的pH值和微生物群落。链球菌属的成员似乎在健康食管的微生物群中占主导地位（Di Pilato 等，2016），但也有报道存在其他种群的微生物，包括普氏菌属和韦荣球菌属（Pei 等，2004）；食管的细菌组成似乎与口腔中的高度相似（Snider 等，2016）。

胃

胃是搅拌和研磨食物的肌肉囊，胃向食团添加酸和酶，形成一种叫作食糜的半液体物质。在自主神经系统（神经系统中控制内脏功能的部分）和激素的控制下，胃分泌盐酸、各种消化酶（特别是胃蛋白酶原）、黏液，以及其他胃液（Janson 和 Tischler，2012）。胃的功能是为食物在继续通过消化道之前提供短期储存的场所。胃下部的环形肌肉被称为幽门括约肌，控制部分被消化的食物分次从胃中进入小肠。

众所周知，胃的酸性环境最初使人们认为几乎没有微生物可以在那里存活。但现有证据表明，与其他消化道部位相比，人的胃具有独特的微生物生态系统，这取决于胃微生物群如何抵抗或利用酸（Nardone 和 Compare，2015）。胃活组织检查的研究表明，胃的微生物生态系统由变形菌门、厚壁菌门、放线菌门、拟杆菌门和梭杆菌门主导（Bik 等，2006；Maldonado-Contreras 等，2011）。胃微生物群的组成是动态的，任何时候胃内都可能有多种源自口腔的暂时性微生物，这可能是吞咽的结果（Nardone 和 Compare，2015）。

幽门螺杆菌是胃中稳定的定居者，它的感染率占全球总人口的 1/3~2/3（Eusebi 等，2014），中位数约为 50%。大多数人被这种细菌定植后，胃肠道菌群的结构发生变化（总体上菌群多样性减少）。幽门螺杆菌改变微生物群的机制包括扰乱胃环境、诱导激素分泌和改变炎症反应（He 等，2016）。例如，幽门螺杆菌感染会导致胃 pH 值长期升高，这可能促使暂住细菌在胃中定植增加（Nardone 和 Compare，2015）。胃幽门螺杆菌定植也可能显著影响十二指肠和口腔微生物群落（Schulz 等，2016）。

小肠

小肠长 5~6m，是人体消化道中消化食物和吸收营养最重要的场所。人类宿主对大多数营养物质（特别是脂质和简单的糖类）的酶消化和吸收都发生在小肠。小肠包括 3 个部分：十二指肠（顶部）、空肠（中部）和回肠（与结肠相连的下部）。回盲瓣位于回肠和结肠的交界处。

小肠的微生物群很难取样，但在已有的少数研究中，研究人员发现该区域的微生物种群少于消化道的其他区域,而且菌群高度动态,似乎可以通过饮食调节(El Aidy 和 van den Bogerr,2015 年)。链球菌和韦荣球菌属是小肠内重要的共生菌属。

大肠

小肠之下是大肠。长约 1.5m 的管道称为结肠,是水分持续再吸收、摄取微生物衍生的维生素以及粪便成形的场所(Janson 和 Tischler,2012)。直肠是结肠的肌性末端部分,向下延伸的开口即消化道的末端:肛门。粪便通过此结构排出体外。

结肠是整个人体中微生物最密集的部位,也是迄今为止研究最多的部位。在健康成人的大肠中生活着 300~1000 种不同种类的细菌,主要包括拟杆菌门、厚壁菌门和变形菌门(NIH,2012;Qin 等,2010)。

研究人员经常使用粪便菌群的组成代表结肠管腔和(或)黏膜环境中的菌群。Yasuda 及其同事对猴子的黏膜、管腔和粪便微生物群进行了生物地理学分析,发现粪便菌群确实是结肠管腔和黏膜菌群的良好代表。令人惊讶的是,粪便菌群与小肠菌群也有很好的相关性(除了小肠变形杆菌,它在粪便中未被检测到)。该小组还发现了兼性厌氧菌在黏膜中(如高丰度的幽门螺杆菌)以及专性厌氧菌在管腔中(如短链脂肪酸产生菌)的轻度富集(Yasuda 等,2015)。

阑尾是一个狭小的、悬挂在结肠上的囊,作为淋巴细胞的储藏室。一个新的假说认为,阑尾是有益肠道菌群的庇护所。健康人体的阑尾菌群与粪便中的不同;例如梭杆菌属明显增加(Rogers 等,2016)。最近一项对 533 个哺乳动物的研究表明,阑尾可能具有适应性免疫功能,因为有阑尾的动物盲肠中具有较丰富的免疫组织(即淋巴组织),而盲肠是大小肠连接处的一个盲袋(Smith 等,2017)。

重要的是,结肠是消化道前端未消化物质的分解场所,包括膳食纤维、抗性淀粉与非糖类基质。结肠细菌产生的酶会分解(发酵)这些物质。在此代谢废物的过程中,产生了一组重要的代谢产物称为短链脂肪酸(SCFA),包括乙酸盐、丙酸盐和丁酸盐。其中小部分 SCFA 被机体排出,但绝大多数(95%)被结肠细胞作为能量来源所利用。SCFA 所提供的能量约占机体每日总热量的 10%(Duncan 等,2007)。但目前它们在代谢中的作用尚未完全阐明,尤其矛盾的是 SCFA 似乎可以避免肥胖,并有益于健康的代谢,但同时其所提供的热量又可能会导致肥胖(Boulangé 等,2016)。SCFA 是微生物系统与免疫系统之间的重要信使,在肠上皮细胞和白细胞的发育和功能中发挥作用(Corrêa-Oliveira 等,2016)。SCFA 的健康效应可能取决于其产生、吸收以及分泌间的微妙平衡,该问题将在第 4 章中进一步讨论。

结肠中的细菌还具有附加功能,能增加机体对于剩余脂质、蛋白质以及矿物质(如钙、镁、铁)的吸收(Janson 和 Tischler,2012)。结肠菌群可以产生维生素,如硫胺素、核黄素、烟酸、生物素、泛酸、叶酸(即 B 族维生素)以及维生素 K(Biesalski,2016 年);饮食中的维生素在小肠中被吸收,而微生物产生的维生素在结肠中被吸收。结肠细菌还会产生次级胆汁酸,它们可在结肠被动吸收,或者被排泄到粪便中。

许多疾病状态与结肠黏膜或者肠腔/粪便中的微生物群紊乱有关。这些将在第 4 章中详细介绍。

其他器官:肝脏、胆囊、胰腺和脾脏

除上述器官外,其他几个器官如肝脏、胆囊、胰腺和脾脏对于消化的正常进行也非常重要。而这些器官似乎并不存在可识别的重要微生物群。

肝脏是一个具有大量生理功能的复杂器官,参与新陈代谢及解毒作用。在消化过程中,肝脏会产生并分泌胆汁以促进脂肪的消化与吸收;储存维生素、糖、脂肪和其他营养素;调节激素;代谢由肠道微生物合成或修饰的外源性化合物。肝脏还可以预防活微生物进入血液,并根据微生物代谢产物信号水平调整免疫活性。基于这些功能,Macpherson、Heikenwalder 和 Ganal-Vonarburg 最近提出,肝脏是建立和维持宿主与微生物之间相互依赖的"纽带"(Macpherson 等,2016)。

胆囊是储存和浓缩胆汁的消化器官。当胆囊接收到十二指肠中存在脂肪(即饮食摄取)的信号时,胆囊会收缩以释放胆汁,利于脂肪的消化和吸收。

胰腺是一种腺体,当它收到存在食物的激素信号时,会分泌消化酶(糖酶、脂肪酶、核酸酶和蛋白水解酶)并释放到十二指肠。它还会向血液中释放激素,以维持葡萄糖稳态。

最后,脾脏是主要作为血液过滤器的免疫系统器官;它与胃和胰腺的血管相连,在消化中的作用较小。

肠道菌群和免疫系统

由于持续暴露于大量微生物中,呼吸道、胃肠道和泌尿生殖道的黏膜组织成为病原微生物最可能的入侵门户。因此,这些组织受到复杂的物理和免疫屏障的保护。小肠和大肠的肠上皮(通俗称为肠屏障)特别容易受到感染,因为它仅由单层细胞构成,可加快营养物质、水和电解质的摄取。此外,为了进一步促进这些摄取过程，上皮细胞的管腔表面包含许多突起或绒毛，使上皮表面积增加到约 $32m^2$，除 $2m^2$ 外均为小肠(Helander 和 Fandriks,2014)。相比之下，人的皮肤表面积平均为 $1.5\sim2m^2$，或与结肠大致相同。因此，保护小肠的大面积区域免受可能的有害微生物侵害的任务极具挑战性，而人体的许多免疫防御系统都集中在此区域就不足为奇了。在此区域的胃肠道免疫系统被称为肠道相关淋巴组织(GALT)。

肠上皮受到几道防线的保护从而免受细菌侵害，将在下面进一步讨论：①黏液外层；②上皮细胞分泌的不同抗菌肽；③潘氏细胞活性；④免疫球蛋白 A 的合成和分泌(Reinoso Webb 等,2016)。

GALT 的组织和功能

肠上皮中相邻的细胞通过跨膜多蛋白复合物彼此固定，从而在细胞之间形成能够选择性渗透的密封垫(Lee,2015)，这种布置称为紧密连接，是肠屏障功能的重要组成部分。肠上皮由几种不同类型的细胞组成。肠上皮细胞是数量最多的细胞类型，主要负责营养物质的运输。这些宿主细胞产生能与膜结合的黏蛋白(分子量大、高度糖基化的蛋白)，这些黏蛋白延伸到肠腔，形成称为糖萼的结构(外部黏性覆盖层)，可以作为肠腔上皮细胞膜的局部保护层 (Johansson 和 Hansson,2016)。数量次多的是上皮杯状细胞，它们是肠道黏液的主要产生者。它们分泌未结合肠上皮细胞膜的黏蛋白到上皮腔侧。黏蛋白寡糖复合物的巨大保水能力使其具有凝胶样的稠度，它们黏附于上皮，形成强大的物理抗菌屏障(但仍然有微生物存在于这层松散黏液的外层；Li 等,2015 年)。第三种主要的上皮细胞类型是潘氏细胞，其在小肠上皮的隐窝中处于战略位置，并在肠道先天免疫中起着重要作用(Clevers 和 Bevins,2013)。它们在细胞学上是可识别的，因为其中含有大量胞内分泌颗粒，其中包含几种抗菌肽(如 α-防御素)，这些抗菌肽在控制黏膜组织定植和防止宿主感染中起关键作用。例如，α-防御素与细菌细胞膜结合并使其具有渗透性，从而杀死微生物(Bevins,2013)。肠上皮细胞每 2~5 天更换一次，新的替代细胞来源于肠道隐窝中发现的干细胞。定位在隐窝的潘氏细胞可能在保护这些珍贵的干细胞中起重要作用。最后，尽管肠内分泌细胞仅占上皮细胞总数的1%，但它们构成了体内最大的内分泌系统(Moran 等,2008)。为了响应特定刺激，它们分泌多种激素，通过肠道神经系统控制多种消化道功能，范围包括食物摄取到黏膜免疫。

在肠上皮的下方，有一层称为固有层的结缔组织。固有层是几类参与肠道适应性免疫的淋巴组织的所在部位，也是从巨噬细胞到各种淋巴细胞等大量免疫细胞的所在部位。抗体是机体内抵抗特定的"外来"物质的免疫蛋白。在人体内,约80%产生抗体的浆细胞存在于肠道免疫系统中(Gommerman等,2014)。黏膜抗体的产生有几种途径(即一系列连续的反应),但是诱导肠道适应性免疫反应的主要部位是淋巴组织,称为集合淋巴小结。100~200个小肠集合淋巴小结出现在空肠,特别是回肠区域(Reboldi和Cysrer,2016)。集合淋巴小结的结构类似于淋巴结(图2.2A)。在集合淋巴小结的上皮下穹顶内,有滤泡(B细胞区域)和被T细胞占据的滤泡间区。覆盖集合淋巴小结的肠上皮被称为滤泡相关上皮(FAE)。FAE中约有10%的细胞是独特的微折叠(M)细胞(Mabbort等,2013)(图2.2B)。与其他肠上皮细胞不同,M细胞的表面相对不含黏蛋白,因此肠腔中的微生物和其他物质可直接进入。M细胞能吞噬肠腔中的抗原物质(外源性),并通过胞吞转运将其递送至基底外侧膜的独特囊袋中(图2.2B)。在此处,抗原被运送到抗原呈递细胞,如淋巴细胞、巨噬细胞和树突状细胞,这些细胞被FAE组成性分泌的趋化因子(信号蛋白)吸引到M细胞囊。在抗原激活的辅助性T细胞的指导下,抗原激活的B细胞进入集合淋巴小结的生发中心,在那里它们经历分化阶段,其中有三个阶段值得注意(图2.2A)。首先,类别转换重组是一个产生免疫球蛋白A(IgA)类抗体

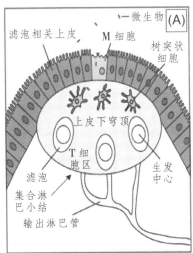
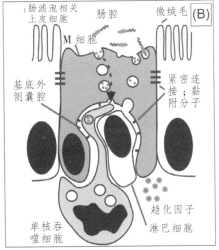

图2.2 (A)(左图)集合淋巴小结的结构特征。(B)(右图)M细胞的结构,两侧仅显示部分肠上皮细胞。来自肠腔的抗原通过细胞转运给M细胞基底外侧囊腔的单核吞噬细胞和淋巴细胞。黑色的结构为细胞核。[Reproduced with permission from (A)Gary E. Kaiser;(B)Mabbott, N. A. et al.,2013. Microfold (M)cells:important immunosurveillance posts in the intestinal epithelium. Mucosal Immunol. 6(4),666–677.]

的过程,这一过程是黏膜免疫所独有的,因为在全身免疫系统中占主导地位的抗体是IgG。其次,体细胞超突变是导致IgA对激活B细胞分化的抗原亲和力增加的过程。第三,生发中心B细胞获得肠特异性归巢机制,例如肠道特异性黏附分子和趋化因子受体(Mora等,2006)。活化的B细胞离开集合淋巴小结,进入循环系统,并最终利用其获得的肠归巢机制返回固有层。回到固有层后,B细胞完成分化,并成为分泌IgA的功能性浆细胞。IgA几乎完全以二聚体的形式分泌——一种由两部分组成的化合物(Gommerman等,2014)。二聚体IgA,又称为分泌型IgA或SIgA,通过肠上皮基底外侧膜上称为聚合免疫球蛋白受体(plgR)的蛋白质介导的胞吞作用,跨过肠上皮进入肠腔。SIgA通过中和微生物或其产物来保护黏膜(Strugnell和Wijburg,2010)。SIgA也可以结合已经进入固有层的抗原,这些复合物随后通过plgR介导的胞吞作用进入肠腔。

尽管集合淋巴小结出现在胎儿发育过程中(Heel等,1997),但它们进一步成熟产生SIgA的过程依赖于共生菌在肠道的定植,这已在人类新生儿和无菌小鼠中被证实(Benveniste等,1971)。因此,新生儿黏膜免疫系统的成熟和肠道共生微生物在肠道的初始定植是同步进行的,黏膜免疫和肠道微生物之间的相互作用是最终决定微生物群落组成的关键,这个过程依赖于SIgA的黏膜保护作用(Pabst等,2016)。此外,固有层中的肠上皮细胞和免疫细胞表达多种受体,可检测微生物产物并做出适当反应(Thaiss等,2016)。需要注意的是,这些机制旨在维持寄居微生物群和肠道免疫系统之间的内环境平衡,因此并非只针对病原体。有关肠道菌群生物群落和共生体如何调控免疫系统,以及它们在某些疾病中如何失去作用的更多细节请参见第4章。

肠道菌群与大脑结构/功能

在胃肠病学的研究中,有一门称为"神经胃肠病学"的专业,专门研究神经对消化功能的影响。在2006年的一篇文章(Jones等,2006)中,脑肠轴的概念被定义为"胃肠道运动、感觉和中枢神经系统(CNS)活动的联合功能"。脑肠轴这一概念并不新鲜(Track,1980),但直到最近,科学家才发现肠道菌群在肠道与大脑之间的双向交流中起着关键作用。

人的CNS和部分周围神经系统(PNS)在消化道和大脑之间传递信号,大脑和脊髓组成CNS。科学家们早已知道,约有1000亿个大脑神经元在复杂的环路中相互连接,从身体的各个部位收集信息,并产生各种运动输出信号,使人类得以生存并成功实现与环境的相互作用,从呼吸和行走到咀嚼和驾驶。在正常情况下,CNS

在控制消化中的作用是次要的。CNS 通过迷走神经反射回路帮助控制胃部收缩和黏液分泌,并帮助调节肠道通透性和黏液分泌;但是,切断动物和人类的迷走神经对胃肠功能的影响却很小(Fossmark 等,2013)。

自主神经系统(ANS)是 PNS 的一部分,它控制重要但不自主的机体功能,例如呼吸和心跳,并被分为副交感神经和交感神经两类。肠神经系统(ENS)构成 ANS 的一部分,但其作为独立的系统发挥作用。ENS 的 2 亿至 6 亿个神经元沿着胃肠道的长轴呈网状分布。在小肠壁中具有细胞体的 ENS 感觉神经元(称为内在初级传入神经元)处于对胃肠道的化学和机械刺激做出反应的首要位置。同时,ENS 运动神经元作用于包括上皮组织、黏膜腺、平滑肌和血管在内的细胞,并且还影响沿消化道分布的免疫和内分泌细胞(Costa 等,2000)。因此,ENS 在消化中发挥的作用不仅限于控制运动功能、局部血流以及黏膜运输和分泌,还可以帮助调节免疫和内分泌功能(Costa 等,2000)。

肠道菌群似乎在塑造大脑的功能和行为(甚至可能大脑的结构)方面发挥作用,但在人体中却很难发现其机制。迄今为止,大多数研究都涉及动物模型,如下所述。有关肠道微生物如何影响人类大脑的概况,请参见图 2.3。

菌群缺乏对大脑的影响

无菌啮齿动物提供了肠道菌群通过脑肠轴对大脑结构和功能影响的初步证据。首先,无菌小鼠表现出大脑功能异常(Luczynski 等,2016):应激情况下的异常反应,探索行为和社交行为的不同模式以及认知的变化。这些无菌动物的大脑也有生理上可观察到的差异。一种生理上的差异是它们的小胶质细胞(构成大脑主动防御的细胞)有缺陷且不成熟(Erny 等,2015)。此外,它们的前额叶皮层中出现髓鞘过多的轴突,这种差异与寿命较短有关(Hoban 等,2016)。无菌小鼠在神经元之间的突触发育中也有缺陷(Diaz Heijtz 等,2011):在新突触产生和现有突触修剪中均有异常。无菌小鼠或菌群受到严重破坏的小鼠也出现了神经调节剂——脑源性神经营养因子(BDNF)的异常表达。BDNF 是一种蛋白质,可通过促进发育中的神经元成熟和存活以及维持成熟的神经元来影响认知(Bercik 等,2011)。但是,目前还不清楚这些结果与人类的关系。

菌群对神经元激活的影响

在消化过程中,肠壁细胞收集有关消化道活动的信息,并将信息传递给肠壁中的其他细胞(主要是内分泌细胞)。这些信息传递到附近的感觉神经元,特别是

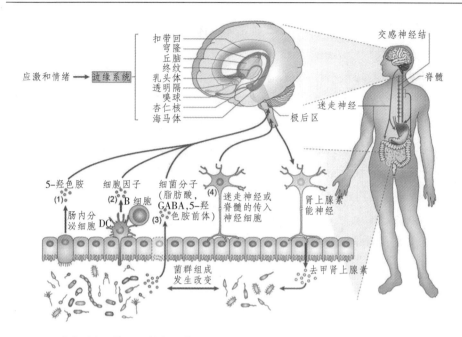

图 2.3 肠道菌群在人体肠脑轴中的潜在影响。肠道菌群可能通过以下几种途径影响大脑:(1)肠内分泌细胞释放肠道激素,如血清素(5-羟色胺);(2)黏膜免疫细胞释放细胞因子(如树突状细胞);(3)细菌代谢产物(如 γ-氨基丁酸)通过血流和极后区进入大脑;(4)传入神经通路(如自主神经)。通过影响应激激素或交感神经递质,或者影响能改变细菌信号通路的激素,应激可影响肠道菌群的组成。DC,树突状细胞。[Reproduced with permission from Collins,S.M.,Surette,M.,Bercik,P.,2012. The interplay between the intestinal microbiota and the brain. Nat.Rev. Microbiol. 10(11),735–742. Macmillan Publishers Ltd.Copyright(2012).]

迷走神经,然后继续向上到达大脑(Perez-Burgos 等,2014)。迷走神经(脑神经 X)是将信息从肠道传递到大脑的重要渠道,由以下所述的各种信号激活。迷走神经信号是双向传播的,但 90% 的信号是从肠道往上向大脑传播。通过这种途径,大脑从肠道接收有关消化活动的恒定信息流。

动物研究表明,肠道细菌具有改变神经元兴奋性的能力,即改变激发动作电位的阈值。例如,一项研究表明,与正常小鼠相比,无菌小鼠的 ENS 肠系膜神经元的兴奋性降低。当小鼠体内植入微生物菌落时,神经元兴奋性恢复正常(McVey Neufeld 等,2013)。另一项研究表明,摄入益生菌罗伊乳杆菌可增加大鼠结肠神经元的兴奋性(Kunze 等,2009 年)。还有一项研究发现,鼠李糖乳杆菌可提高小鼠大脑某一区域(肠系膜神经束)的神经放电速度,但前提是迷走神经完好无损(Perez-Burgos 等,2013)。

其他益生菌能降低 ENS 神经元的兴奋性。例如，一项针对长双歧杆菌 NCC3001 的研究表明，它可以降低大鼠某些肠道感觉神经元的兴奋性(Khoshdel 等,2013)。总之,这些研究表明,肠道中不同种类的益生菌对 ENS 神经元的抑制或兴奋作用不尽相同。

肠道微生物影响 ENS 活性的另一种方式是通过产生诸如 γ-氨基丁酸 (GABA) 之类的分子,GABA 可以作为局部神经递质发挥作用。肠道中产生的 GABA 与大脑中产生的 GABA 是彼此分离的。但一项研究表明,在具有正常肠道菌群的小鼠中,肠道中的鼠李糖乳杆菌(JB-1)可以在多个皮质区域调节 GABA 受体,并降低皮质酮的产生以应对应激(Bravo 等,2011)。值得注意的是,这种现象只有迷走神经完好无损时才会发生。

菌群对内分泌信号的影响

信息从肠道传递到大脑的另一种间接方式是通过肠道激素和调节肽(Zhou 和 Foster,2015)。5-羟色胺是消化道和大脑生物合成的一种神经递质,约 90% 是在肠道产生的。2015 年,Yano 及其同事发现微生物和宿主细胞可以协同工作:人类和小鼠中的特定细菌不仅能改变促进肠道 5-羟色胺生成的代谢信号,而且也有助于调节结肠和血液中 5-羟色胺的水平(Yano 等,2015)。肠道 5-羟色胺信号系统通过迷走神经向大脑发送信息。实际上,迷走神经感觉信号可以被一系列激素和其他分子激活,如胆囊收缩素(CCK)、胰高血糖素样肽 1(GLP-1)、YY 肽(PYY)和生长素释放肽都可以激活这些信号,并且有证据表明,它们对肠道中遇到的营养物质非常敏感(Dockray,2013)。上皮内层的肠内分泌细胞(产生和释放激素)可能受到肠道微生物的影响(Uribe 等,1994)。例如,有研究发现,甘丙肽[一种从肠内分泌细胞释放的肽,可以触发促肾上腺皮质激素释放因子(CRF)的释放,导致皮质醇增加] 受大鼠肠道菌群的影响,从而影响脑肠之间的沟通(Tortorella 等,2007)。

菌群对免疫信号的影响

从肠道到大脑的另一条信息传递途径是通过肠道中的免疫细胞。这些免疫细胞可以释放诱导炎症的细胞因子,这些细胞因子穿过肠壁,并通过激活迷走神经或进入体循环到达大脑。动物模型中存在一些有限的证据,支持肠道菌群通过影响免疫反应进而塑造大脑功能。在一项研究中,给患有肝炎的小鼠服用益生菌混合物(VSL#3),结果导致了大脑中某些白细胞的浸润减少并降低了系统性免疫激活,而疾病的严重程度或微生物群组成没有任何变化(D'Mello 等,2015)。

消化道内的其他微生物

几乎可以肯定的是,微生物群中的细菌不是维持正常人体功能唯一相关的微生物,但我们对其他微生物对人体功能的影响却知之甚少。真核生物如念珠菌、马拉色菌和酵母菌在健康人群中广泛存在(Underhill 和 Iliev,2014),有趣的是,约20%的健康人群中存在微真核生物芽囊原虫(Andersen 等,2015),该微生物与细菌多样性的增加以及瘤胃球菌属和普雷沃菌属的丰度变化有关(Audebert 等,2016)。人体中广泛存在的病毒组也可能扮演了重要角色。众多周知,噬菌体(感染细菌的病毒)作为细菌的捕食者可以影响微生物群落的结构。在古细菌方面,肠道中发现了少数菌属,其中以甲烷菌属最为常见(Horz,2015),特别是在肠道环境中具有独特功能的史氏甲烷短杆菌(Samuel 等,2007)。然而,真核生物、病毒和古细菌的分子分析技术并不如细菌的那么先进(Norman 等,2014)。因此,对于这一领域的深入认识取决于该领域未来的进展。

虽然到目前为止(本章也是如此)的研究重点是微生物群落的组成,但越来越多的证据表明,消化道各个部位微生物群的功能可能与健康和疾病的关系更密切。有人提出,肠道菌群必须包含一组核心功能,并且只要必需功能的编码基因存在,菌群组成均有可能发生变化(Lloyd-Price 等,2016)。在接下来的章节中,将介绍重要的代谢组学研究,这将有助于我们认识肠道细菌的代谢物,这些代谢物在向全身多个组织和器官传送信号时非常活跃。

实验设计和动物模型的使用

虽然对变量的控制和经验观察是科学进步的基础,但研究人类健康的科学家经常会遇到这样的情况:那些设计完美的实验中的精确变量是不切实际或违反伦理的。因此,促进人类健康的科学研究必须遵循一个更为渐进的过程。科学家必须依次或平行地进行实验研究和观察研究(图 2.4)。通过使用一种类型研究的数据来预测另一种类型的研究,并调整他们的结论来解释所有的结果,科学家们最终实现对某一特定现象的深入了解。

以抗生素与儿童肥胖之间的关系作为一种研究现象的案例。纽约大学的 Martin Blaser 实验室发现:①动物模型的实验证据显示,幼年时期特定

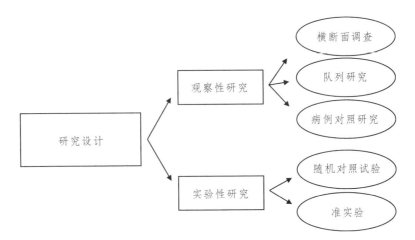

不同研究类型的数据汇总在一起,以深入认识肠道菌群在人体健康中的作用。

图2.4 各种科学研究设计。

剂量的抗生素模式可诱导小鼠肥胖,并在以后的时期也没有得到纠正(Cox等,2014);②一项人群纵向出生队列研究的观察证据表明,6个月前接触抗生素与儿童时期较高的体重有关(Trasande等,2013)。来自不同类型研究的证据不断汇集,可以为儿童接触抗生素和较高体重之间的因果关系提供更多的证据支持。

这个案例凸显了另一个问题:肠道菌群在人类健康中作用的研究进展,很大程度上取决于阐明其机制的合适的实验模型。在肠道菌群研究中,科学家一直严重依赖小鼠模型(Nguyen等,2015)有以下几个原因:小鼠与人类不同,因为它们是近亲繁殖,可形成同质遗传群体,而这一特性本身就增加了实验的可重复性;小鼠的遗传学也比人类的更好理解;小鼠的实验条件更容易控制,因为人不可能被关在笼子里;此外,在探索肠道菌群是否参与健康和疾病的研究设计中,调控小鼠肠道菌群相对容易。50多年来,无菌小鼠一直是普遍使用的模型,因为其所有的微生物暴露都是已知的。但小鼠模型有明显的局限性:主要是它们不能代表人类相似疾病的所有特征。当涉及脑肠轴研究时,小鼠模型的问题更加明显,因为在小鼠模型中不可能建立像抑郁症、阿尔茨海默病,甚至自闭症这样复杂的人类大脑相关性疾病。

(王俊 钟月 译)

参考文献

Andersen, L.O., et al., 2015. A retrospective metagenomics approach to studying *Blastocystis*. In: Marchesi, J. (Ed.), FEMS Microbiol. Ecol. 91 (7), 1–9. Available from: https://academic.oup.com/femsec/article-lookup/doi/10.1093/femsec/fiv072.

Audebert, C., et al., 2016. Colonization with the enteric protozoa Blastocystis is associated with increased diversity of human gut bacterial microbiota. Sci. Rep. 6, 25255. Available from: http://www.nature.com/articles/srep25255.

Benveniste, J., Lespinats, G., Salomon, J., 1971. Serum and secretory IgA in axenic and holoxenic mice article. J. Immunol. 100 (1), 1656–1662.

Bercik, P., et al., 2011. The intestinal microbiota affect central levels of brain-derived neurotropic factor and behavior in mice. Gastroenterology 141 (2), 599–609, 609–3. Available from: http://www.ncbi.nlm.nih.gov/pubmed/21683077.

Bevins, C.L., 2013. Innate immune functions of α-defensins in the small intestine. Dig. Dis. 31 (3–4), 299–304. Available from: http://www.ncbi.nlm.nih.gov/pubmed/24246978.

Biesalski, H.K., 2016. Nutrition meets the microbiome: micronutrients and the microbiota. Ann. N.Y. Acad. Sci. 1372 (1), 53–64.

Bik, E.M., et al., 2006. Molecular analysis of the bacterial microbiota in the human stomach. Proc. Natl. Acad. Sci. U. S. A. 103 (3), 732–737. Available from: http://www.ncbi.nlm.nih.gov/pubmed/16407106.

Boulangé, C.L., et al., 2016. Impact of the gut microbiota on inflammation, obesity, and metabolic disease. Genome Med. 8 (1), 42. Available from: http://genomemedicine.biomedcentral.com/articles/10.1186/s13073-016-0303-2.

Bravo, J.A., et al., 2011. Ingestion of Lactobacillus strain regulates emotional behavior and central GABA receptor expression in a mouse via the vagus nerve. Proc. Natl. Acad. Sci. U. S. A. 108 (38), 16050–16055. Available from: http://www.ncbi.nlm.nih.gov/pubmed/21876150.

Clevers, H.C., Bevins, C.L., 2013. Paneth cells: maestros of the small intestinal crypts. Annu. Rev. Physiol. 75, 289–311.

Corrêa-Oliveira, R., et al., 2016. Regulation of immune cell function by short-chain fatty acids. Clin. Transl. Immunol. 5 (4), e73. Available from: http://www.nature.com/doifinder/10.1038/cti.2016.17.

Costa, M., Brookes, S.J., Hennig, G.W., 2000. Anatomy and physiology of the enteric nervous system. Gut 47 (Suppl. 4), iv15–iv19, discussion iv26. Available from: http://www.ncbi.nlm.nih.gov/pubmed/11076898.

Costalonga, M., Herzberg, M.C., 2014. The oral microbiome and the immunobiology of periodontal disease and caries. Immunol. Lett. 162 (2 Pt A), 22–38. Available from: http://www.ncbi.nlm.nih.gov/pubmed/25447398.

Cox, L.M., et al., 2014. Altering the intestinal microbiota during a critical developmental window has lasting metabolic consequences. Cell 158 (4), 705–721. Available from: http://www.ncbi.nlm.nih.gov/pubmed/25126780.

Di Pilato, V., et al., 2016. The esophageal microbiota in health and disease. Ann. N.Y. Acad. Sci. Available from: http://doi.wiley.com/10.1111/nyas.13127.

Diaz Heijtz, R., et al., 2011. Normal gut microbiota modulates brain development and behavior. Proc. Natl. Acad. Sci. U. S. A. 108 (7), 3047–3052. Available from: http://www.ncbi.nlm.nih.gov/pubmed/21282636.

D'Mello, C., et al., 2015. Probiotics improve inflammation-associated sickness behavior by altering communication between the peripheral immune system and the brain. J. Neurosci. 35 (30), 10821–10830. Available from: http://www.ncbi.nlm.nih.gov/pubmed/26224864.

Dockray, G.J., 2013. Enteroendocrine cell signalling via the vagus nerve. Curr. Opin. Pharmacol. 13 (6), 954–958. Available from: http://www.ncbi.nlm.nih.gov/pubmed/24064396.

Doel, J.J., et al., 2004. Protective effect of salivary nitrate and microbial nitrate reductase activity against caries. Eur. J. Oral Sci. 112 (5), 424–428. Available from: http://doi.wiley.com/10.1111/j.1600-0722.2004.00153.x.

Duncan, S.H., et al., 2007. Reduced dietary intake of carbohydrates by obese subjects results in decreased concentrations of butyrate and butyrate-producing bacteria in feces. Appl. Environ. Microbiol. 73 (4), 1073–1078.

el Aidy, S., van den Bogert, B., 2015. The small intestine microbiota, nutritional modulation and relevance for health. Curr. Opin. Biotechnol. 32, 14–20.

Erny, D., et al., 2015. Host microbiota constantly control maturation and function of microglia in the CNS. Nat. Neurosci. 18 (7), 965–977. Available from: http://www.nature.com/doifinder/10.1038/nn.4030.

Espey, M.G., 2013. Role of oxygen gradients in shaping redox relationships between the human intestine and its microbiota. Free Radic. Biol. Med. 55, 130–140.

Eusebi, L.H., Zagari, R.M., Bazzoli, F., 2014. Epidemiology of Helicobacter pylori infection. Helicobacter (Suppl. 1), 1–5.

Fierer, N., Jackson, R.B., 2006. The diversity and biogeography of soil bacterial communities. Proc. Natl. Acad. Sci. U. S. A. 103 (3), 626–631. Available from: http://www.ncbi.nlm.nih.gov/pubmed/16407148.

Fossmark, R., et al., 2013. The effects of unilateral truncal vagotomy on gastric carcinogenesis in hypergastrinemic Japanese female cotton rats. Regul. Pept. 184, 62–67.

Gommerman, J.L., Rojas, O.L., Fritz, J.H., 2014. Re-thinking the functions of IgA(+) plasma cells. Gut Microbes 5 (5), 652–662.

He, C., Yang, Z., Lu, N., 2016. Imbalance of gastrointestinal microbiota in the pathogenesis of *Helicobacter pylori* -associated diseases. Helicobacter 21 (5), 337–348. Available from: http://doi.wiley.com/10.1111/hel.12297.

Heel, A.K., et al., 1997. Special article review: Peyer's patches. J. Gastroenterol. 12 (October 1996), 122–136.

Helander, H.F., Fandriks, L., 2014. Surface area of the digestive tract—revisited. Scand. J. Gastroenterol. 49 (6), 681–689.

Hoban, A.E., et al., 2016. Regulation of prefrontal cortex myelination by the microbiota. Transl. Psychiatry 6 (4), e774. Available from: http://www.ncbi.nlm.nih.gov/pubmed/27045844.

Hofstra, J.J., et al., 2015. Changes in microbiota during experimental human Rhinovirus infection. BMC Infect. Dis. 15, 336. Available from: http://www.ncbi.nlm.nih.gov/pubmed/26271750.

Horz, H.-P., 2015. Archaeal lineages within the human microbiome: absent, rare or elusive? Life 5 (2), 1333–1345. Available from: http://www.ncbi.nlm.nih.gov/pubmed/25950865.

Janson, L., Tischler, M., 2012. Medical Biochemistry: The Big Picture. McGraw-Hill Education, New York, NY.

Johansson, M.E.V., Hansson, G.C., 2016. Immunological aspects of intestinal mucus and mucins. Nat. Rev. Immunol. 16 (10), 639–649.

Jones, M., et al., 2006. Brain-gut connections in functional GI disorders: anatomic and physiologic relationships. Neurogastroenterol. Motil. 18 (2), 91–103. Available from: http://doi.wiley.com/10.1111/j.1365-2982.2005.00730.x.

Khoshdel, A., et al., 2013. Bifidobacterium longum NCC3001 inhibits AH neuron excitability. Neurogastroenterol. Motil. 25 (7), e478–e484. Available from: http://www.ncbi.nlm.nih.gov/pubmed/23663494.

Kilian, M., et al., 2016. The oral microbiome—an update for oral healthcare professionals. Br. Dent. J. 221 (10), 657–666. Available from: http://www.nature.com/doifinder/10.1038/sj.bdj.2016.865.

Kunze, W.A., et al., 2009. *Lactobacillus reuteri* enhances excitability of colonic AH neurons by inhibiting calcium-dependent potassium channel opening. J. Cell. Mol. Med. 13 (8b), 2261–2270. Available from: http://doi.wiley.com/10.1111/j.1582-4934.2009.00686.x.

Lee, S.H., 2015. Intestinal permeability regulation by tight junction: implication on inflammatory bowel diseases. Intestinal Res. 13 (1), 11.

Li, H., et al., 2015. The outer mucus layer hosts a distinct intestinal microbial niche. Nat. Commun. 6, 8292. Available from: http://www.ncbi.nlm.nih.gov/pubmed/26392213.

Lloyd-Price, J., Abu-Ali, G., Huttenhower, C., 2016. The healthy human microbiome. Genome Med. 8 (51), 1–11.

Lozupone, C.A., et al., 2012. Diversity, stability and resilience of the human gut microbiota. Nature 489 (7415), 220–230. Available from: http://www.nature.com/doifinder/10.1038/nature11550.

Luczynski, P., et al., 2016. Growing up in a bubble: using germ-free animals to assess the influence of the gut microbiota on brain and behavior. Int. J. Neuropsychopharmacol. 19 (8), 1–17.

Mabbott, N.A., et al., 2013. Microfold (M) cells: important immunosurveillance posts in the intestinal epithelium. Mucosal Immunol. 6 (4), 666–677.

Macpherson, A.J., Heikenwalder, M., Ganal-Vonarburg, S.C., 2016. The liver at the nexus of host-microbial interactions. Cell Host Microbe 20 (5), 561–571.

Maldonado-Contreras, A., et al., 2011. Structure of the human gastric bacterial community in relation to Helicobacter pylori status. ISME J. 5 (4), 574–579. Available from: http://www.nature.com/doifinder/10.1038/ismej.2010.149.

McVey Neufeld, K.A., et al., 2013. The microbiome is essential for normal gut intrinsic primary afferent neuron excitability in the mouse. Neurogastroenterol. Motil. 25 (2), 183-e88. Available from: http://www.ncbi.nlm.nih.gov/pubmed/23181420.

Methé, B.A., et al., 2012. A framework for human microbiome research. Nature 486 (7402), 215–221. Available from: http://www.nature.com/doifinder/10.1038/nature11209.

Mora, J.R., et al., 2006. Generation of gut-homing IgA-secreting B cells by intestinal dendritic cells. Science (New York, N.Y.) 314, 1157–1160.

Moran, G.W., et al., 2008. Enteroendocrine cells: neglected players in gastrointestinal disorders? Ther. Adv. Gastroenterol. 1 (1), 51–60.

Nardone, G., Compare, D., 2015. The human gastric microbiota: is it time to rethink the pathogenesis of stomach diseases? United European Gastroenterol J. 3 (3), 255–260. Available from: http://www.ncbi.nlm.nih.gov/pubmed/26137299.

National Institutes of Health, 2012. NIH Human Microbiome Project defines normal bacterial makeup of the body. Available from: https://www.nih.gov/news-events/news-releases/nih-human-microbiome-project-defines-normal-bacterial-makeup-body.

Nguyen, T.L.A., et al., 2015. How informative is the mouse for human gut microbiota research? Dis. Model. Mech. 8 (1), 1–16.

Norman, J.M., Handley, S.A., Virgin, H.W., 2014. Kingdom-agnostic metagenomics and the importance of complete characterization of enteric microbial communities. Gastroenterology 146 (6), 1459–1469. Available from: http://www.ncbi.nlm.nih.gov/pubmed/24508599.

Pabst, O., Cerovic, V., Hornef, M., 2016. Secretory IgA in the coordination of establishment and maintenance of the microbiota. Trends Immunol. 37 (5), 287–296.

Pei, Z., et al., 2004. Bacterial biota in the human distal esophagus. Proc. Natl. Acad. Sci. U. S. A. 101 (12), 4250–4255. Available from: http://www.ncbi.nlm.nih.gov/pubmed/15016918.

Perez-Burgos, A., et al., 2013. Psychoactive bacteria Lactobacillus rhamnosus (JB-1) elicits rapid frequency facilitation in vagal afferents. Am. J. Physiol. Gastrointest. Liver Physiol. 304 (2), G211–G220.

Perez-Burgos, A., et al., 2014. The gut-brain axis rewired: adding a functional vagal nicotinic "sensory synapse". FASEB J. 28 (7), 3064–3074. Available from: http://www.ncbi.nlm.nih.gov/pubmed/24719355.

Qin, J., et al., 2010. A human gut microbial gene catalogue established by metagenomic sequencing. Nature 464 (7285), 59–65. Available from: http://www.nature.com/doifinder/10.1038/nature08821.

Reboldi, A., Cyster, J.G., 2016. Peyer's patches: organizing B-cell responses at the intestinal frontier. Immunol. Rev. 271 (1), 230–245.

Reinoso Webb, C., et al., 2016. Protective and pro-inflammatory roles of intestinal bacteria.

Pathophysiology 23 (2), 67–80. Available from: http://linkinghub.elsevier.com/retrieve/pii/S0928468016300025.

Rogers, M.B., et al., 2016. Acute appendicitis in children is associated with a local expansion of fusobacteria. Clin. Infect. Dis. 63 (1), 71–78. Available from: http://www.ncbi.nlm.nih.gov/pubmed/27056397.

Samuel, B.S., et al., 2007. Genomic and metabolic adaptations of Methanobrevibacter smithii to the human gut. Proc. Natl. Acad. Sci. 104 (25), 10643–10648. Available from: http://www.ncbi.nlm.nih.gov/pubmed/17563350.

Schulz, C., et al., 2016. The active bacterial assemblages of the upper GI tract in individuals with and without Helicobacter infection. Gut, p.gutjnl-2016-312904. Available from: http://www.ncbi.nlm.nih.gov/pubmed/27920199.

Segata, N., et al., 2012. Composition of the adult digestive tract bacterial microbiome based on seven mouth surfaces, tonsils, throat and stool samples. Genome Biol. 13 (6), R42. Available from: http://www.ncbi.nlm.nih.gov/pubmed/22698087.

Smith, H.F., et al., 2017. Morphological evolution of the mammalian cecum and cecal appendix. C.R. Palevol 16 (1), 39–57.

Snider, E.J., Freedberg, D.E., Abrams, J.A., 2016. Potential role of the microbiome in barrett's esophagus and esophageal adenocarcinoma. Dig. Dis. Sci. 61 (8), 2217–2225. Available from: http://link.springer.com/10.1007/s10620-016-4155-9.

Strugnell, R.A., Wijburg, O.L.C., 2010. The role of secretory antibodies in infection immunity. Nat. Rev. Microbiol. 8 (1), 656–667.

Thaiss, C.A., et al., 2016. The microbiome and innate immunity. Nature 535 (7610), 65–74.

Tortorella, C., Neri, G., Nussdorfer, G.G., 2007. Galanin in the regulation of the hypothalamic-pituitary-adrenal axis (Review). Int. J. Mol. Med. 19 (4), 639–647. Available from: http://www.ncbi.nlm.nih.gov/pubmed/17334639.

Track, N.S., 1980. The gastrointestinal endocrine system. Can. Med. Assoc. J. 122 (3), 287–292. Available from: http://www.ncbi.nlm.nih.gov/pubmed/6989456.

Trasande, L., et al., 2013. Infant antibiotic exposures and early-life body mass. Int. J. Obes. 37 (1), 16–23. Available from: http://www.ncbi.nlm.nih.gov/pubmed/22907693.

Underhill, D.M., Iliev, I.D., 2014. The mycobiota: interactions between commensal fungi and the host immune system. Nat. Rev. Immunol. 14 (6), 405–416. Available from: http://www.ncbi.nlm.nih.gov/pubmed/24854590.

Uribe, A., et al., 1994. Microflora modulates endocrine cells in the gastrointestinal mucosa of the rat. Gastroenterology 107 (5), 1259–1269.

van 't Hof, W., et al., 2014. Antimicrobial defense systems in saliva. Monogr. Oral Sci. 24, 40–51. Available from: http://www.ncbi.nlm.nih.gov/pubmed/24862593.

Wiles, T.J., et al., 2016. Host gut motility promotes competitive exclusion within a model intestinal microbiota. PLoS Biol. 14 (7), e1002517. Available from: http://www.ncbi.nlm.nih.gov/pubmed/27458727.

Yano, J.M., et al., 2015. Indigenous bacteria from the gut microbiota regulate host serotonin biosynthesis. Cell 161 (2), 264–276. Available from: http://linkinghub.elsevier.com/retrieve/pii/S0092867415002482.

Yasuda, K., et al., 2015. Biogeography of the intestinal mucosal and lumenal microbiome in the rhesus macaque. Cell Host Microbe 17 (3), 385–391. Available from: http://www.ncbi.nlm.nih.gov/pubmed/25732063.

Zhou, L., Foster, J.A., 2015. Psychobiotics and the gut-brain axis: in the pursuit of happiness. Neuropsychiatr. Dis. Treat. 11, 715–723. Available from: http://www.ncbi.nlm.nih.gov/pubmed/25834446.

第 3 章
生命周期中的肠道菌群

> **目的**
> - 熟悉胎儿发育期、婴儿期(包括早产)、儿童期、成年期和老年期肠道菌群组成的变化。
> - 了解可能影响早期肠道菌群发展变化的因素:特别是婴儿饮食和固体食物的过渡。
> - 了解生命每个阶段肠道菌群组成对健康的影响。
> - 了解有关肠道真核生物和病毒的初步研究。

生命周期中肠道菌群的变化

人类肠道菌群的形成是一个复杂的过程,在整个生命周期中受到许多遗传和环境因素的影响。在生命的最初几周,肠道菌群是动态的,它具有较低的多样性和较高的变异性;随着发育的进行,肠道菌群转向较高的多样性和较低的变异性。尽管感染、抗生素和饮食的剧烈变化会导致菌群紊乱,但成人的肠道菌群已达到一个相对稳定的状态(David 等,2014)。在老年人群中,肠道菌群的多样性降低,促进炎症的微生物种类增多。不同生命阶段发生的主要微生物变化汇总见图 3.1。

肠道微生物组对许多与健康相关的重要功能均有影响,包括消化、营养吸收、免疫调控、大脑发育,甚至行为(Bäckhed 等,2012;Hansen 等,2012)。因此,生命早期的肠道菌群组成逐渐成为未来生命中有助于获得和维持健康的因素之一。

宫内环境的首次暴露

直到最近,科学家们都认为健康妊娠期女性的子宫内环境是无菌的,菌群在

图 3.1 不同生命阶段肠道菌群组成的主要特征（Duncan 和 Flint, 2013）。(Modified from Duncan, S.H., Flint, H.J., 2013. Probiotics and prebiotics and health in ageing populations. Maturitas 75, 44–50.)

婴儿出生时才首次定植。然而,有人对胎盘是完全无菌的观念提出了质疑。在没有任何感染或炎症迹象的情况下,科学家在健康妊娠期女性的羊水、脐带血、胎粪、胎盘和胎膜中发现了细菌 DNA(与分娩方式无关)(Jimenez 等,2005;Satokari 等,2009)。胎盘现在被视为一个可培养细菌的温床。因此,新生儿接触细菌和(或)细菌产物的时间比最初认为的要早得多(Aagaard 等,2014)。在这些发现之前,临床培养物中存在的细菌,特别是羊水中的革兰阴性细菌,对流产、早产和胎膜早破等不良妊娠情况具有诊断价值(Bearfield 等,2002)。新的研究发现,与健康妊娠期女性相比,有产前感染史和抗生素治疗史的妊娠期女性和早产妊娠期女性的胎盘有不同的细菌类群(Aagaard 等,2014)。因此,不仅是胎盘中出现细菌,还有存在细菌的类群,都可能是引发宫内感染并导致不良妊娠的原因。

母婴通过胎盘屏障可能发生共生细菌的转移,但婴儿的定植情况仍不清楚。胎盘菌群似乎大部分由非病原性共生微生物组成,包括厚壁菌门、软壁菌门、变形菌门、拟杆菌门和梭杆菌门;但是,在许多研究中并不能排除污染。值得注意的是,胎盘微生物与母亲粪便或阴道中的微生物相似度不高,而与龈上菌斑(即位于牙龈上的菌斑)和舌头背面的口腔微生物相似(Aagaard 等,2014)。这意味着大部分胎盘细菌可能不是粪便或阴道的污染物。相反,它们可能来源于口腔的种植。然而这一领域还需要进一步研究,以确定宫内细菌的来源以及它们如何影响新生儿免疫系统的发育和整体健康。

婴儿微生物组

尽管胎儿在出生前可能会接触到一些细菌,但在接触母亲以外的环境之前,胎儿仍然是相对无菌的。出生意味着有机会接触到环境中的各种微生物,包括母体微生物群。通过阴道分娩穿过产道,婴儿接触到母亲粪便和阴道的微生物群,从而影响出生时肠道菌群的组成。经阴道出生的婴儿会获得类似于其母亲阴道和粪便微生物群的细菌群落(Dominguez-Bello 等,2010)。经阴道出生的婴儿最早在肠道定植的是兼性厌氧细菌,例如葡萄球菌、链球菌、肠球菌和肠杆菌,其次是双歧杆菌、拟杆菌和梭杆菌等厌氧菌(Martin 等,2016)。

通过剖宫产术的外科分娩方式与婴儿出生时肠道菌群的改变有一定关系,这是因为婴儿没有以阴道分娩的方式暴露于母体微生物群。与阴道分娩的婴儿相比,剖宫产婴儿体内的菌群与皮肤表面和医院环境中的菌群相似(例如,医护人员、医院表面环境和其他新生儿)(Dominguez-Bello 等,2010)。就细菌种类而言,剖宫产婴儿的肠道菌群比阴道分娩婴儿的菌群多样性低(Biasucci 等,2008);其特点是双歧杆菌和拟杆菌大量减少,同时伴有艰难梭菌的增加(Penders 等,2006;Biasucci 等,2008)。选择性剖宫产和紧急性剖宫产对婴儿肠道菌群也有影响,选择性剖宫产婴儿的肠道菌群丰度和多样性最低,而紧急性剖宫产的婴儿肠道菌群丰度和多样性最高(Azad 等,2013)。研究人员推测,在紧急性剖宫产期间,婴儿在开始手术前仍会接触母亲微生物组中的许多细菌,这可能是造成这种差异的原因。

2016 年的一项初步研究(Dominguez-Bello 等,2016)采用了"微生物修复程序",对剖宫产的 4 名婴儿在其出生时用母亲阴道液体进行擦拭。在此过程中,手术前将无菌纱布放在母亲的阴道内,并在剖宫产后的前两分钟内用此纱布擦拭婴儿的嘴、脸和身体。接受干预的婴儿的肠道、口腔和皮肤细菌群落富含阴道细菌,而未接受干预的婴儿含量较低。但是,这种干预对健康的风险或收益仍不明确;干预产生的独特菌群组成和任何一组都不匹配,所以它可能导致与阴道分娩或剖宫产完全不同的健康结果。

不管分娩方式如何,出生之后,母亲及其他照料者通过喂养、接吻和爱抚,会将环境、口腔和皮肤微生物转移给婴儿。除此之外,婴儿通过早期饮食也在不断接触新的微生物。

出生方式对健康的影响

诱发免疫系统发育最重要的因素之一是出生后立即接触微生物成分,这使研究者思考,不同的分娩方式导致不同的微生物暴露是否会对健康产生持续的影响。越来越多的证据表明,与阴道分娩的儿童相比,剖宫产的儿童有更高的过敏风险,如过敏性鼻结膜炎和哮喘(Renz-Polster 等,2005 年;Roduit 等,2009 年)。此外,剖宫产还与体重增加和儿童肥胖有关(Blustein 等,2013 年)。到目前为止,这些现象与剖宫产带来的微生物变化之间的因果关系尚未得到证实。

最近的研究表明,经阴道分娩婴儿和剖宫产婴儿之间肠道菌群组成的差异可能是暂时的,这使人们怀疑这些变化对未来健康的影响。一项研究探索了母婴二代从妊娠到出生后 6 周,身体不同部位(粪便、口腔齿龈、鼻孔、皮肤和阴道)菌群的组成和功能,他们发现,新生儿出生时,除胎粪外,全身各部位的微生物群及其相关功都是相似的。刚出生后的剖宫产婴儿,身体某些部位(口腔齿龈、鼻孔和皮肤)在菌群组成上存在细微差别,但分娩方式与细菌群落功能的差异无关。然而,到分娩后 6 周,微生物群的结构和功能已经扩大,经阴道分娩的婴儿与剖宫产婴儿之间没有差异,而身体部位成了细菌群落组成和功能最重要的决定因素(Chu 等,2017)。

即使剖宫产没有显著改变婴儿的微生物群,肠道菌群仍能解释剖宫产与后期疾病之间的已知关联吗? 美国贝勒医学院的同一研究小组指出,几种已知会改变肠道微生物组的因素与较高的剖宫产率有关:饮食、抗生素暴露、胎龄和宿主遗传因素(Aagaard 等,2016 年)。他们认为这些因素往往与剖宫产共同发生,可能会促使肠道菌群发生变化,而这种变化可能与健康状况有因果关系。研究人员强调饮食是一个重要因素,来自该小组的一项人体研究显示,妊娠期女性在妊娠和哺乳期间的高脂饮食与新生儿粪便中独特的微生物组有关(与母亲体重指数无关),新生儿中的拟杆菌属显著缺乏,这种现象一直持续到 6 周龄(Chu 等,2016)。因此作者假设,母亲的饮食通过对胎盘微生物群的影响,可导致出生后婴儿微生物群的组成发生变化,从而影响儿童健康。

虽然已经很清楚,出生对于婴儿来说是微生物定植的重要时期,但妊娠因素和出生因素如何共同影响婴儿的微生物群组成和后期健康,还需要进一步研究。

早产儿

由于器官发育不成熟,妊娠 37 周以前出生的婴儿面临着巨大的挑战。此外,早产儿经常接触抗生素,同时在医院的婴儿病房停留时间更长。因此早产儿的肠道菌群与足月儿并不相同,这就不足为奇了(Arboleya 等,2012;Grześkowiak 等,2015)。

与健康足月儿相比,早产儿肠道内共生微生物定植发生了改变,潜在病原体增加,个体变异性高,微生物多样性降低(Arboleya 等,2012)。研究表明,早产儿体内的兼性厌氧菌水平增加,如肠杆菌科、肠球菌科和乳杆菌属,同时厌氧菌水平降低,包括双歧杆菌(例如长双歧杆菌)、拟杆菌和奇异菌属(Arboleya 等,2012;Grześ-kowiak 等,2015)。

早产对健康的影响

早产儿微生物群的变化可能导致免疫系统的成熟延迟,从而对婴儿的健康产生深远的影响,尤其是可能会增加感染的风险。鉴于双歧杆菌在肠道菌落中的支配地位,特别是长双歧杆菌和乳双歧杆菌,它们对于生命最初几周的正常肠道菌群发育非常重要。早产儿双歧杆菌水平降低是否会影响婴儿未来的健康,尚需要进一步研究。

坏死性小肠结肠炎(NEC)是一种发生在早产儿中严重的,有时可能致命的胃肠道疾病。虽然在几十年前就怀疑肠道细菌定植与 NEC 之间存在联系(Sántulli

等,1975),但没有哪一种细菌被确定为诱因。然而,最近的研究表明,早产儿肠道菌群的破坏先于 NEC 的发生,也就是说,在诊断 NEC 之前,通常发生了变形菌门增加,而厚壁菌门减少(Mai 等,2011)。尽管目前还不清楚肠道菌群变化是 NEC 的原因还是结果,目前研究人员猜测,与足月同龄儿相比,免疫异常会使早产儿的胃肠道"过度反应",并且在某些宿主基因的作用下,定植在胃肠道的微生物可能促使 NEC 的发生(Niño 等,2016)。

早期喂养的影响

喂养方式(母乳或配方奶粉)对婴儿早期的微生物群组成有显著影响。前 3 个月的纯母乳喂养对微生物定植有着长期的影响(Martin 等,2016)。母乳喂养的婴儿肠道菌群以放线菌为主,特别是有益的双歧杆菌和乳酸杆菌 (Harmsen 等,2000)。双歧杆菌迅速在母乳喂养婴儿的肠道定植,并一直保持到断奶。配方奶粉喂养的婴儿形成了更多样化的微生物群,双歧杆菌较少,病原体增多,包括球状梭菌、葡萄球菌,以及肠杆菌科家族(Fallani 等,2010;Harmsen 等,2000)。

除活细菌外,母乳还含有多种复杂的糖类,如图 3.2 所示,称为母乳低聚糖(HMO)(Zivkovic 等,2011)。HMO 不能被婴儿消化,而是被婴儿胃肠道中特定的细菌消化。这些细菌具有分解糖的基因,特别是婴儿双歧杆菌(Ward 等,2006)。因此,HMO 可以调节母乳喂养婴儿的肠道菌群,并通过富集某些有益细菌、促进肠道短链脂肪酸的释放,发挥益生菌的作用。

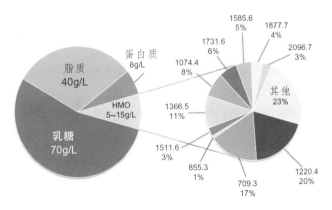

图 3.2 左图,母乳由乳糖、脂质、蛋白质和母乳低聚糖(HMO)组成。HMO 是母乳中含量第三丰富的成分,含量为 5~15g/L。右侧的饼状图显示了混合母乳样本中含量最丰富的 HMO 的分解情况。质谱分析可以通过精确的质量测量来明确特定的低聚糖分子;图中标注了不同结构 HMO 的质量和相对丰度(%)。(From Zivkovic, A. M. et al., 2011. Human milk glycobiome and its impact on the infant gastrointestinal microbiota. Proc. Natl. Acad. Sci. U. S. A. 108.)

母乳喂养对健康的影响

流行病学数据显示,母乳喂养不仅与短期获益有关,即降低儿童时期患感染性疾病的风险,而且也有长期的益处:降低超重/肥胖症的患病率,预防2型糖尿病,甚至可以提高智力测验的表现(Horta 和 Victora,2013)。迄今为止,尚不清楚这些健康益处与母乳喂养的肠道菌群早期变化之间关联的内在机制。

引入固体食物的影响

断奶是使微生物群组成朝着更加多样化和稳定化的成人型转变的最重要因素(Fallani 等,2010)。从母乳喂养到富含蛋白质和纤维的"家庭食品"(固体)的转变,似乎对肠道菌群的组成有很大的影响,肠道菌群的更加多样化与婴儿摄入肉类、奶酪和高纤维面包有关(Laursen 等,2016)。随着固体食物的引入,肠道的早期菌群被更复杂的微生物群取代(Martin 等,2016)。双歧杆菌在肠道菌群中仍占主导地位,但随着菌群的多样化,其比例显著下降(Fallani 等,2011)。兼性厌氧菌数量减少,专性厌氧梭菌的比例增加。断奶后,拟杆菌的比例保持不变,是婴儿肠道菌群中最主要的菌群之一。一般来说,引入固体食物与产丁酸盐细菌(如球状梭菌)的增加有关(Martin 等,2016);随着固体食物的引入,这些细菌越来越普遍,这可能是因为它们能够很容易地代谢饮食中的复杂糖类。

儿童、青少年时期

最初的研究表明,生命早期定植的肠道微生物组在2岁时变得成人化,但新的证据表明,肠道微生物组在2岁以后还会继续成熟。儿童期似乎是肠道菌群一个独特的过渡阶段。虽然与健康相关的儿童肠道微生物组具有类似于成人的几个特征,但也保留了许多自身独特的组成和功能特性(Hollister 等,2015)。图3.3为婴幼儿肠道菌群发育的总体趋势。

正常的儿童肠道菌群主要由拟杆菌门和厚壁菌门组成,这两种菌门的比例在个体间存在差异性(Hollister 等,2015)。与成人相比,健康儿童的肠道菌群中拟杆菌的比例显著降低,厚壁菌门和放线菌门的比例显著增加(Ringel-Kulka 等,2013;Hollister 等,2015)。尽管儿童和成人共享许多细菌类群,但成人的拟杆菌属比例更高,双歧杆菌属的丰度更低(Ringel-Kulka 等,2013)。总的来说,成人肠道菌群与儿童肠道菌群之间的主要区别在于微生物的多样性,即随着年龄的增长,微生物的多样性也会增加(Hollister 等,2015;Ringel-Kulka 等,2013)。尽管尚不

图 3.3 婴幼儿肠道菌群组成在生命最初几年中发生的变化:细菌多样性逐渐增加,而个体间差异性逐渐降低(Arrieta 等,2014).(Modified from Arrieta, M.-C, 等,2014. The intestinal microbiome in early life:health and disease. Front. Immunol. 5,427. Available at http://www.ncbi.nlm.nih.gov/pubmed/25250028.)

清楚儿童体内微生物多样性较低的原因,但很可能与儿童接触的环境和饮食更为有限有关。

健康儿童的肠道菌群从功能角度来看也是独特的。与成人相比,儿童的肠道微生物群具有可以支持身体持续发育的功能(Hollister 等,2015)。而另一方面,成人微生物群的功能与炎症和肥胖(或肥胖症)风险增加有关。最显著的差异体现在参与合成维生素 B_{12} 和叶酸的基因丰度。以叶酸为例,儿童的微生物群富含支持 DNA 合成、复制和修复的基因,这些基因是生长和发育所必需的;而成人微生物群则富含利用饮食中叶酸的基因。此外,微生物群能产生维生素 B_{12}(钴胺素),它具有抗炎和抗氧化作用,对神经功能至关重要。血液中钴胺素的浓度在 7 岁左右达到高峰,这表明微生物群在随后适应成人的需要时会减少钴胺素的产量。

研究还证实,青少年(11~18 岁)的肠道菌群与成人的肠道菌群不同(Agans 等,2011),特别是在属水平上。最引人注目的是,青少年中双歧杆菌也明显高于成人(接近两倍的差异)。

儿童和青少年的肠道菌群具有独特的特性,并在婴儿期之后继续成熟,这表明它可能仍然容易受到外部环境的影响。除了早期饮食,其他可能影响菌群早期定植过程的因素包括接触抗生素、接触农场、出生地点、接触兄弟姐妹和家庭宠物。这些因素将在第 5 章详细讨论。

成年期

在整个成年期,肠道菌群保持相对稳定。虽然科学家们对"正常"肠道菌群组成确实没有固定的定义准则,但确实存在一些模式。毛螺菌科和瘤胃菌科的细菌在健康成人粪菌中共同处于优势，粪菌中平均10%~45%为毛螺菌科,16%~27%为瘤胃菌科。拟杆菌科/普雷沃菌科的细菌占其余的12%~60%。在门水平上，厚壁菌门（拟杆菌科和瘤胃球菌科）、拟杆菌门（拟杆菌科、普雷沃菌科、理研菌科）和放线菌（双歧杆菌科和红椿菌科）是最主要的细菌(Maukonen 和 Saarela, 2015)。双歧杆菌属、乳酸杆菌属和红椿菌科的细菌在成人期比儿童早期要低得多。当肠道菌群达到其群落的稳定高峰时，其组成似乎会持续相当长的一段时间。例如,37名健康成人的样本发现,60%的原始菌株在5年后仍然存在(Faith 等,2013)。影响健康成人体内微生物群组成的主要外部因素(第5章讨论)包括感染、主要的饮食变化、抗生素或其他药物。

老年期

随着年龄的增长和时间的推移，肠道菌群发生了巨大的变化。虽然在相关人群中开展的研究相对较少，但与其他年龄组相比，老年人的微生物组成有明显的差异(Claesson 等,2011,2012;O'Toole 和 Claesson,2010)。并且，老年人肠道菌群的个体间差异大于年轻人(Claesson 等,2011)。年龄与核心微生物组成的急剧变化有关——一般来说，随着年龄的增长，亚优势菌种的丰度会增加，拟杆菌(超过厚壁菌)和变形杆菌的相对丰度增加，而包括重要的双歧杆菌菌株在内的放线菌减少(Enck 等,2009;Odamaki 等,2016)。

肠道菌群最显著的变化似乎发生在生命的最末期(Biagi 等,2010)，值得注意的是，百岁老年人的肠道菌群与70岁老年人的不同。百岁老年人肠道菌群的特征是病原生物的增加(包括梭菌、杆菌、葡萄球菌、棒状杆菌和微球菌科)以及丁酸盐产生菌(普拉梭菌、直肠真杆菌、霍氏真杆菌和凸腹真杆菌)数量的减少。

ELDERMET(爱尔兰老年人基因组学计划)成立于2007年，在500名健康老年志愿者中研究了肠道菌群、饮食和健康之间的关系。这项工作支持了先前的发现，即老年人(>65岁)肠道菌群的组成在个体之间差异极大，并且其核心菌群和差异水平不同于年轻人(Claesson 等,2012)。该项目的数据表明，衰老本身对肠道菌群组成的影响可能小于伴随年龄增长的生活方式的改变。老年人的生活方式(即社区、日间医院、康复机构或长期护理)对整体微生物多样性有影响：长期护理的老年人肠道菌群的多样性明显低于社区老年居民。此外，老年人的饮食类型是形成肠道菌群的关键因素。与长期护理的老年人相比，生活在社区的老年人常摄入低脂/高纤维饮食，食物种类多，其微生物的多样性更高。研究人员发现，长期护理的老年人往往摄入高脂肪/低纤维饮食，缺乏多样性，其肠道菌群的多样性最低。

老年期菌群变化对健康的影响

老年人肠道双歧杆菌菌株的显著减少可能是该人群病原感染风险增加的一个因素(Leung 和 Thuret,2015)。老年人肠道病原菌增殖,有益细菌就会减少,因此会加剧炎症状态,并且可能是慢性健康状况的危险因素(O'Toole 和 Claesson,2010)。微生物多样性降低与体质虚弱(Jackson 等,2016)和炎症相关(Claesson 等,2012)。体质虚弱人群中较为丰富的细菌包括细长真杆菌和迟缓埃格特菌(Jackson 等,2016)。虽然肠道菌群与体质虚弱之间尚无确定的因果关系,但这种联系值得在未来的研究中注意,因为体质虚弱比实际年龄更能预测不良的健康结果。

肠道真核生物和病毒

目前对生命周期中的肠道真核生物和病毒的研究相对较少。以真核生物(如真菌)为例,研究人员对它们在肠道活动和健康状态中的作用了解甚少。对人类粪便样本的宏基因组分析表明,肠道微生物群中存在病毒。然而,在有限的研究中,除了已知的病毒病原体,例如,最近发现的婴儿经胎盘感染寨卡病毒导致小头畸形外(Mysorekar 等,2016;Calvet 等,2016),它们在人类健康中的作用尚不明确(Duerkop 和 Hooper,2013;Lecuit 和 Eloit,2013)。肠道内的大多数病毒是噬菌体,但与细菌不同,肠道内的病毒组大多尚属未知。初步研究发现,个体之间病毒组的构成存在高度变异(Minot 等,2011;Reyes 等,2011,2015;Lim 等,2015)。此外,与没有遗传关联的婴儿相比,同卵双胞胎婴儿的病毒组彼此更相似(Reyes 等,2015;Lim 等,2015),这表明了遗传因素对病毒组成的影响。然而,同卵双胞胎成人的病毒组却有很大的差异(Reyes 等,2011)。因此,现有的文献表明,除同卵双胞胎婴儿外,病毒组在个体之间表现出高度的变异性。尚需进一步研究阐明肠道病毒的起源、决定生命周期中肠道病毒组成的因素,以及病毒组对健康的可能影响。

(席春晖 蒋林菁 译)

参考文献

Aagaard, K., et al., 2014. The placenta harbors a unique microbiome. Sci. Transl. Med. 6 (237), 237ra65.

Aagaard, K., Stewart, C.J., Chu, D., 2016. Una destinatio, viae diversae. EMBO Rep. 17 (12), 1679–1684. Available from: http://embor.embopress.org/lookup/doi/10.15252/embr.201643483.

Agans, R., et al., 2011. Distal gut microbiota of adolescent children is different from that of adults. FEMS Microbiol. Ecol. 77 (2), 404–412.

Arboleya, S., et al., 2012. Establishment and development of intestinal microbiota in preterm neonates. FEMS Microbiol. Ecol. 79 (3), 763–772.

Arrieta, M.-C., et al., 2014. The intestinal microbiome in early life: health and disease. Front. Immunol. 5, 427. Available from: http://www.ncbi.nlm.nih.gov/pubmed/25250028.

Azad, M.B., et al., 2013. Gut microbiota of healthy Canadian infants: profiles by mode of delivery and infant diet at 4 months. CMAJ 185 (5), 385–394.

Bäckhed, F., et al., 2012. Defining a healthy human gut microbiome: current concepts, future directions, and clinical applications. Cell Host Microbe 12 (5), 611–622.

Bearfield, C., et al., 2002. Possible association between amniotic fluid micro-organism infection and microflora in the mouth. BJOG Int. J. Obstet. Gynaecol. 109 (5), 527–533.

Biagi, E., et al., 2010. Through ageing, and beyond: gut microbiota and inflammatory status in seniors and centenarians. PLoS One 5 (5).

Biasucci, G., et al., 2008. Cesarean delivery may affect the early biodiversity of intestinal bacteria. J. Nutr. 138 (9), 1796S–1800S.

Blustein, J., et al., 2013. Association of caesarean delivery with child adiposity from age 6 weeks to 15 years. Int. J. Obes. 37 (7), 900–906.

Calvet, G., et al., 2016. Detection and sequencing of Zika virus from amniotic fluid of fetuses with microcephaly in Brazil: a case study. Lancet Infect. Dis. 16 (6), 653–660.

Chu, D.M., et al., 2016. The early infant gut microbiome varies in association with a maternal high-fat diet. Genome Med. 8, 77.

Chu, D.M., et al., 2017. Maturation of the infant microbiome community structure and function across multiple body sites and in relation to mode of delivery. Nat. Med. Available from: http://www.nature.com/doifinder/10.1038/nm.4272.

Claesson, M.J., et al., 2011. Composition, variability, and temporal stability of the intestinal microbiota of the elderly. Proc. Natl. Acad. Sci. U. S. A. 108 (Suppl.), 4586–4591.

Claesson, M.J., et al., 2012. Gut microbiota composition correlates with diet and health in the elderly. Nature 488 (7410), 178–184.

David, L.A., et al., 2014. Diet rapidly and reproducibly alters the human gut microbiome. Nature 505 (7484), 559–563.

Dominguez-Bello, M.G., et al., 2010. Delivery mode shapes the acquisition and structure of the initial microbiota across multiple body habitats in newborns. Proc. Natl. Acad. Sci. U. S. A. 107 (26), 11971–11975.

Dominguez-Bello, M.G., et al., 2016. Partial restoration of the microbiota of cesarean-born infants via vaginal microbial transfer. Nat. Med. 22 (3), 250–253. Available from: http://www.ncbi.nlm.nih.gov/pubmed/26828196.

Duerkop, B.A., Hooper, L.V., 2013. Resident viruses and their interactions with the immune system. Nat. Immunol. 14 (7), 654–659.

Duncan, S.H., Flint, H.J., 2013. Probiotics and prebiotics and health in ageing populations. Maturitas 75, 44–50.

Enck, P., et al., 2009. The effects of ageing on the colonic bacterial microflora in adults. Z. Gastroenterol. 47 (7), 653–658.

Faith, J.J., et al., 2013. The long-term stability of the human gut microbiota. Science (New York, N.Y.) 341 (6141), 1237439.

Fallani, M., et al., 2010. Intestinal microbiota of 6-week-old infants across Europe: geographic influence beyond delivery mode, breast-feeding, and antibiotics. J. Pediatr. Gastroenterol. Nutr. 51 (1), 77–84.

Fallani, M., et al., 2011. Determinants of the human infant intestinal microbiota after the introduction of first complementary foods in infant samples from five European centres. Microbiology 157 (5), 1385–1392.

Grześkowiak, Ł., et al., 2015. Gut Bifidobacterium microbiota in one-month-old Brazilian newborns. Anaerobe 35, 54–58.

Hansen, C.H.F., et al., 2012. Patterns of early gut colonization shape future immune responses of the host. PLoS One 7 (3).

Harmsen, H.J., et al., 2000. Analysis of intestinal flora development in breast-fed and formula-fed infants by using molecular identification and detection methods. J. Pediatr.

Gastroenterol. Nutr. 30 (1), 61–67.
Hollister, E.B., et al., 2015. Structure and function of the healthy pre-adolescent pediatric gut microbiome. Microbiome 3 (1), 36.
Horta, B.L., Victora, C.G., 2013. Long-term effects of breastfeeding ... a systematic review .... Available from: www.who.int/about/licensing/copyright_form/en/index.html.
Jackson, M., et al., 2016. Signatures of early frailty in the gut microbiota. Genome Med. 8 (1), 8.
Jimenez, E., et al., 2005. Isolation of commensal bacteria from umbilical cord blood of healthy neonates born by cesarean section. Curr. Microbiol. 51 (4), 270–274.
Laursen, M.F., et al., 2016. Infant gut microbiota development is driven by transition to family foods independent of maternal obesity. mSphere 1 (1), 1–16.
Lecuit, M., Eloit, M., 2013. The human virome: new tools and concepts. Trends Microbiol. 21 (10), 510–515.
Leung, K., Thuret, S., 2015. Gut microbiota: a modulator of brain plasticity and cognitive function in ageing. Healthcare 3 (4), 898–916. Available from: http://www.mdpi.com/2227-9032/3/4/898/.
Lim, E.S., et al., 2015. Early life dynamics of the human gut virome and bacterial microbiome in infants. Nat. Med. 21 (10), 1228–1234.
Mai, V., et al., 2011. Fecal microbiota in premature infants prior to necrotizing enterocolitis. In: Chakravortty, D. (Ed.), PLoS One 6 (6), e20647. Available from: http://dx.plos.org/10.1371/journal.pone.0020647.
Martin, R., et al., 2016. Early-life events, including mode of delivery and type of feeding, siblings and gender, shape the developing gut microbiota. PLoS One 11 (6), e0158498.
Maukonen, J., Saarela, M., 2015. Human gut microbiota: does diet matter? Proc. Nutr. Soc. 74 (1), 23–36.
Minot, S., et al., 2011. The human gut virome: inter-individual variation and dynamic response to diet. Genome Res. 21 (10), 1616–1625.
Mysorekar, I.U., et al., 2016. Modeling zika virus infection in pregnancy. N. Engl. J. Med. 375 (5), 481–484.
Niño, D.F., Sodhi, C.P., Hackam, D.J., 2016. Necrotizing enterocolitis: new insights into pathogenesis and mechanisms. Nat. Rev. Gastroenterol. Hepatol. 13 (10), 590–600. Available from: http://www.ncbi.nlm.nih.gov/pubmed/27534694.
Odamaki, T., et al., 2016. Age-related changes in gut microbiota composition from newborn to centenarian: a cross-sectional study. BMC Microbiol. 16 (1), 90.
O'Toole, P.W., Claesson, M.J., 2010. Gut microbiota: changes throughout the lifespan from infancy to elderly. Int. Dairy J. 20 (4), 281–291.
Penders, J., et al., 2006. Factors influencing the composition of the intestinal microbiota in early infancy. Pediatrics 118 (2), 511–521.
Renz-Polster, H., et al., 2005. Caesarean section delivery and the risk of allergic disorders in childhood. Clin. Exp. Allergy 35 (11), 1466–1472.
Reyes, A., et al., 2011. Viruses in the faecal microbiota of monozygotic twins and their mothers. Nature 466 (7304), 334–338.
Reyes, A., et al., 2015. Gut DNA viromes of Malawian twins discordant for severe acute malnutrition. Proc. Natl. Acad. Sci. U. S. A. 112 (38), 11941–11946.
Ringel-Kulka, T., et al., 2013. Intestinal microbiota in healthy U.S. young children and adults-a high throughput microarray analysis. PLoS One 8 (5).
Roduit, C., et al., 2009. Asthma at 8 years of age in children born by caesarean section. Thorax 64 (2), 107–113.
Sántulli, T.V., et al., 1975. Acute necrotizing enterocolitis in infancy: a review of 64 cases. Pediatrics 55 (3), 376–387. Available from: http://www.ncbi.nlm.nih.gov/pubmed/1143976.
Satokari, R., et al., 2009. Bifidobacterium and Lactobacillus DNA in the human placenta. Lett. Appl. Microbiol. 48 (1), 8–12.
Ward, R.E., et al., 2006. In vitro fermentation of breast milk oligosaccharides by Bifidobacterium infantis and Lactobacillus gasseri. Appl. Environ. Microbiol. 72 (6), 4497–4499. Available from: http://www.ncbi.nlm.nih.gov/pubmed/16751577.
Zivkovic, A.M., et al., 2011. Human milk glycobiome and its impact on the infant gastrointestinal microbiota. Proc. Natl. Acad. Sci. U. S. A. 108, 4653–4658.

第 4 章
肠道菌群对健康和疾病的影响

> **目的**
> - 熟悉免疫系统如何正常维持胃肠道稳态。
> - 了解肠道菌群和免疫系统活动与重要肠道病原菌导致的疾病，以及与各种复杂疾病(包括一些与大脑相关的疾病)的关系。
> - 了解目前已知的"健康相关"和"疾病相关"微生物组的特征。

许多微生物有广为人知的致病作用。病菌致病学说提出后(如第 1 章所述)，1890 年发表的柯赫假设就被作为标准，用于鉴定导致特定疾病的特定微生物病原体。要符合柯赫假设,需要将假定的病原体从受感染的组织中分离出来，并证明这种分离出来的病原体接种到健康受试者时会引起疾病。霍乱、结核曾经导致了数百万人死亡，发现这些疾病的致病菌，不仅加深了人们对这些疾病的认识，也推动了治疗和预防策略的发展——这是医学史上最大的进步之一。

最近几十年来出现的有关正常肠道菌群的新认识，使这个病原体模型变得更加复杂。不仅单一病原菌可以致病，现在认为，涉及多种细菌及其相互关系的肠道菌群结构或功能的改变，与许多疾病的发病或维持有因果关系。虽然到目前为止还没有确切病例证明，但以下详细的证据表明，免疫系统及其与微生物的关系可能在各种慢性疾病中起了核心作用。

微生物耐受性和肠道稳态的维持

在前面的章节中，已经阐述了肠道可作为多种外来物质的储存库，包括肠道微生物、食物颗粒以及环境中的其他物质。其中部分外来物质有潜在致病性，所以肠道的免疫组织(肠道相关淋巴样组织或 GALT，如第 2 章所述)负责在这种环境中维持体内稳态。值得注意的是,GALT 是被定义为"共同黏膜免疫系统"的一部分,"共同黏膜免疫系统"还包括呼吸道和泌尿生殖道的免疫组织。在这个共同免疫系统的特定区域,激活的免疫细胞可能进入循环并黏附在其他的黏膜组织上;因此,不同的黏膜免疫系统是相互关联的。

系统性(非黏膜)免疫系统,通过激活对异物的保护性免疫防御,来对异物做出反应。与此不同,除非异物造成了肠道炎症并诱导了免疫性保护机制,GALT 通常是与胃肠道内的异物建立和维持稳态来发挥正常功能。GALT 必须在诱导宿主对外来共生肠道菌群产生耐受性与抵抗肠道病原体感染的保护性作用之间,维持微妙的平衡(Swiatczak 和 Cohen,2015)。为了实现这些目标,肠道内容物与上皮表面的直接接触被最小化(Hooper 和 Macpherson,2010)。肠道的物理屏障(已在第 2 章讨论)如上皮紧密连接和黏液分泌物,以及化学屏障如抗菌肽和分泌性免疫球蛋白 A(sIgA)的联合作用,都减少了微生物或食物成分移位到黏膜固有层的可能性。其结果是减少病原菌的入侵和隔离共生微生物,以防止免疫系统对它们进行过度攻击。下面,我们将进一步讨论免疫细胞在维持肠道内环境稳态中的作用。

微生物共享多种高度保守的细胞结构成分(例如,核酸或蛋白质中相似或相同的序列,以及肽抗原中保守的氨基酸序列),这一特征使它们被称为病原相关分子模式(PAMP)。这些 PAMP 本质上是不同微生物能够产生相同免疫系统可识别分子的模式。但是,正如 Ausubel(2005)所指出的,使用"病原"这一术语是不准确的,因为这些分子模式是病原菌和共生菌共有的;他建议使用"微生物相关分子模式"(MAMP)这一更为贴切的名称,令人疑惑的是,这一称呼并没有得到广泛采用。常见的 MAMP 包括所有细菌细胞壁中的肽聚糖聚合物,革兰阴性菌的脂多糖(LPS)和革兰阳性菌的脂磷壁酸。如第 2 章中所述,肠上皮细胞和免疫细胞拥有一批模式识别受体(PRR),它们识别、结合 MAMP 中的保守模式并做出反应。大多数这样的 PRR 是暴露在表面的 Toll 样受体和内在的 NOD 样受体。PRR 激活后诱导相应的免疫反应,保护肠上皮表面和防止细菌移位穿过上皮屏障;上皮紧密连接的增强,以及抗菌肽和黏蛋白的分泌是此类反应的关键例子(Thaiss 等,2016)。因此,控制肠道免疫系统功能的主要力量是关键免疫细胞上感应 MAMP 的受体。

微生物代谢产物如短链脂肪酸(SCFA)、次级胆汁酸和氨基酸衍生物(例如吲哚)都参与调节肠道免疫功能。这方面最具特征的是 SCFA(包括乙酸、丙酸和丁酸),其中大部分是膳食纤维在结肠发酵的终产物(参见第 2 章)。SCFA 通过与肠上皮细胞和免疫细胞上的 G 蛋白偶联受体(GPR)信号转导蛋白家族(例如,

GPR43 和 GPR 109a)发生特异性相互作用,调节肠道免疫系统(Brestoff 和 Artis, 2013;Thaiss 等,2016)。SCFA 可能对免疫调节有多方面效果,但它们一般发挥抗炎作用,对维持肠内稳态非常重要(Kimura 等,2014;Corrêa-Oliveira 等,2016)。

免疫细胞在决定肠道健康状况方面起着重要作用。例如,一种称为调节性 T 细胞(Treg)的 T 细胞亚群就非常重要,他们通过抑制(抗炎)针对膳食和共生菌群来源抗原(即可以诱导抗体产生的大分子)的免疫反应,从而维持肠道内环境稳态。肠道 SCFA 还可促进幼稚 T 细胞向 Treg 细胞分化 (Furusawa 等,2013;Arpaia 等,2013;Smith 等,2013)。此外,多糖 A 是一种由常见肠道共生脆弱拟杆菌产生的囊状物,也能促进 Treg 细胞分化;值得注意的是,多糖 A 可预防小鼠结肠炎(Round 和 Mazmanian,2010)和脑脊髓炎(Ochoa-Repáraz 等,2010)等炎性疾病。

近来发现的 3 型天然淋巴细胞(ILC3)是维持肠道内稳态的另一种重要介质。微生物代谢色氨酸产生如吲哚-3-乙酸等代谢物,这些代谢物激活 ILC3 上的芳基烃受体,从而产生白介素-22(IL-22)(Lamas 等,2016)。IL-22 受体在机体的许多组织细胞中表达,包括黏膜上皮细胞、肝细胞和胰腺细胞(Sabat 等,2014)。在这些组织中,IL-22 具有广泛的活性;在小鼠体内,ILC3 的缺失导致肠道共生菌群的全身播散,这清晰地表明:产 IL-22 的 ILC3 对维持肠上皮屏障功能至关重要(Sonnenberg 等,2012)。ILC3 还可以介导免疫监视,从而持续维持正常的微生物群。小鼠实验证实,ILC3 可以通过调节 IL-22 促进对病原菌柠檬酸杆菌的早期抗性(Guo 等,2015)。

上述阐释表明,肠道内环境稳态有赖于共生菌群和肠道免疫系统之间的相互依赖关系。正如下面将要讨论的,这种关系如果被破坏,可能会发生局部炎性疾病(如克罗恩病),或全身炎性疾病(如心血管疾病)。

重要的肠道病原微生物

人们最了解的肠道细菌,是那些能非常容易地避开免疫监视,从而进入肠道环境的病原菌。以下列举一些最重要的病原菌。

食源性致病菌

美国疾病控制与预防中心估计,1/6 的美国人患有食源性疾病, 每年有 3000 人死于此病(Scallan 等,2011)。世界卫生组织(WHO)称腹泻病是 2015 年全球第 8 大死亡原因, 导致了近 140 万人死亡, 其中大部分在中低收入国家(WHO,

2017）。肠沙门菌、弯曲杆菌、大肠杆菌 O157:H7 和单核细胞增生性李斯特菌是引起细菌性肠道感染最常见的原因。它们具有一些共同特征：基本都是高度专一肠道病原菌，几乎都是通过被污染的食物经口腔侵入人体。奇怪的是，这些细菌都是近来才被首次认定为肠道病原菌的（即 20 世纪 70 年代和 80 年代）。除李斯特菌外，其他细菌通常以无症状携带的方式存在于包括常见家畜在内的动物宿主中。李斯特菌在环境中无处不在，从土壤和水中也可以分离出来。尽管它最早在 1924 年就被发现，但直到 1981 年才被认为是食源性疾病的病原体（Cartwright 等，2013）。

Cohen 和 Tauxe 的流行病学工作为 20 世纪 70 年代和 80 年代开始增加的食源性感染提供了一个可能的解释（Cohen 和 Tauxe，1986）。沙门菌与两种主要疾病有关，伤寒沙门菌引起的伤寒和多种不同血清型肠炎沙门菌引起的非伤寒沙门菌病。尽管伤寒沙门菌的动物宿主尚不明确，但到 20 世纪中叶，随着水净化和污水处理等卫生措施的引入，伤寒（一种典型的水传播疾病）在工业化国家不再是一个公共卫生问题。另一方面，非伤寒沙门菌病取而代之成为首要的卫生问题。如上所述，与伤寒沙门菌不同，肠炎沙门菌是多种野生动物和家畜（包括牛、猪和家禽）的肠道共生菌。Cohen 和 Tauxe 利用分子技术证明了这些动物宿主是肠炎沙门菌的来源，通过受污染的动物产品（如牛奶和牛肉）引发人类感染。他们认为，非伤寒沙门菌病发病率的增加与 20 世纪下半叶畜牧业向工业化农业的过渡变化有关。作为一种以动物为宿主的肠道共生菌，肠炎沙门菌是通过粪便传播的，不难想象，这些微生物很容易传播到整个拥挤的牛群和羊群中。食品加工工业化是为了提高产出，但同时也导致了加工产品的无意污染。大多数由沙门菌、弯曲杆菌和大肠杆菌引起的感染都与来自动物宿主的产品有关，而与李斯特菌（在环境中广泛传播）相关的产品就更多了。最近出现了令人担忧的现象，在非动物制品中出现的沙门菌和大肠杆菌越来越多，这可能表明这些病原菌已扩散到了环境中。高产农业已经发展起来，所以食品加工的污染问题必须得到解决。

Cohen 和 Tauxe（1986）也注意到，动物来源和人类来源的沙门菌菌株表现出了相似的耐药模式，而且这些模式与动物接触过的药物谱有直接联系。从 20 世纪 50 年代开始，动物饲料开始添加低于治疗剂量的抗生素，当时人们注意到抗生素能刺激动物生长，这种做法在北美一直延续至今，尽管知道这种做法会导致选择性耐药微生物的产生（Davies 和 Davies，2010）。细菌广泛存在于哺乳动物的胃肠道，主要为非致病性共生菌，携带着多种编码抗生素耐药性的基因。大多数这些基因的一个重要特征是它们可以进行水平转移，即可以通过某种机制传递到完全不同的物种,这不同于从母代细胞到子代细胞的基因垂直传递。基因水平转移是一种常见(可能普遍存在)的现象,肠道作为数百种细菌密集汇聚的地方,是发生基因水平转移的极佳场所。水平转移的基因类型不限于耐药性,更重要的是,它们可能在嵌入微生物的遗传单元上编码毒力机制。事实上,本章中讨论的所有肠道病原菌的基因组都发生了改变,其机制是嵌入编码重要毒力因子的遗传单元(Zhang 等,2016;Chung 等,2016;Nieto 等,2015)。一种无害的共生大肠杆菌进化为一种像 O157:H7 这样的致命病原体,这涉及水平获取大量编码毒力因子的基因,其中包括标志性的志贺毒素(Sadiq 等,2014)。

肠道病原体都具备穿过肠道上皮屏障的能力。沙门菌和李斯特菌都有各自独特的方式,侵袭上皮细胞并在胞内复制(Malik-Kale 等,2012;Pizarro-cerda 和 Ku,2012)。肠出血性大肠杆菌(EHEC)附着在肠道集合淋巴小结的连滤泡上皮上,利用 M 细胞独特的移位系统跨越上皮屏障(Etienne-Mesmin 等,2011)。移位的大肠杆菌被巨噬细胞吞噬,在巨噬细胞中复制,产生志贺毒素,并在巨噬细胞死亡后释放到固有层。志贺毒素破坏肠、肾、肺血管的内皮细胞,并引起出血——由此才有了 EHEC 中"肠出血性"的称呼。弯曲杆菌利用其高度的运动性和螺旋状的细胞形态,钻入肠黏膜引起感染(Bolton,2015)。空肠弯曲杆菌也能穿透肠上皮屏障,但其确切机制尚不清楚(Backert 等,2013)。最近的一份报告表明,空肠弯曲杆菌分泌的一组蛋白质增强了它的细胞侵袭性(Scanlan 等,2017)。

艰难梭菌感染

艰难梭菌是美国医源性感染最常见的病原菌(Lessa 等,2015)。艰难梭菌的一个重要特征是它能够分化成一种休眠的、非代谢的形态,称为芽孢;在实验室条件下,当环境不利于生长时便会形成芽孢(Abt 等,2016)。芽孢不仅对有毒化学物质、干燥和严苛的物理处理(如高温和辐射)具有很强的抵抗力,并且其结构保证了芽孢能够长时间存活(Gil 等,2017)。它具有顽强的生存力和广泛的传播力,这无疑使医院的消毒过程更加复杂。当条件变得有利时,芽孢开始萌芽,成为正常代谢的细胞。对于艰难梭菌而言,芽孢萌芽需要两个条件:其一是无氧环境(因为艰难梭菌是一种厌氧菌);另一个是必须有某种初级胆汁酸的来源。消化道需满足这两个条件。艰难梭菌芽孢具有特异性受体,这些受体被胆汁酸激活后促使芽孢发育。

在健康相关的菌群中包括抑制艰难梭菌生长的菌群(图 4.1)。使用抗生素或质子泵抑制剂会杀灭这些有益菌,这些因素通常会引起艰难梭菌感染(CDI)。艰难梭菌会产生两种主要毒素,称为 TcdA 和 TcdB(Abt 等,2016)。这些毒素会破坏

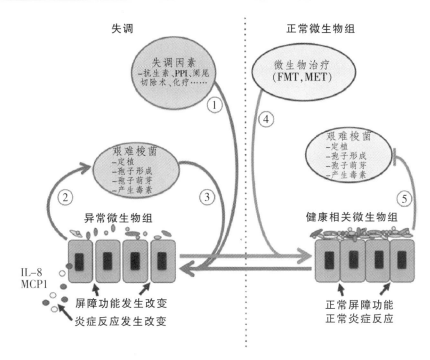

图4.1 健康菌群中某些有益的菌种能产生抑制艰难梭菌生长的次级胆汁酸(右)。许多因素,如使用抗生素和质子泵抑制剂,可杀死有益的菌种,这会导致毒素的产生,增加上皮屏障的通透性并诱导炎症,导致艰难梭菌感染(左)。"微生物疗法"是复发性CDI较有前景的治疗方法。(From Almeida, R., Gerbaba, T., Petrof, E.O., 2016. Recurrent Clostridium difficile infection and the microbiome. J. Gastroenterol. 51 (1), 1–10. Copyright Springer Japan 2015, with permission of Springer.)

上皮的紧密连接,引起肠道通透性增加和炎症,产生多种症状,包括水样腹泻和假膜性结肠炎。动物模型证明,TcdB是主要的毒力因子(Carter等,2015)。

常规的CDI治疗,即甲硝唑和万古霉素的联合治疗,旨在杀死艰难梭菌,但这种治疗后的CDI复发却是一个具有挑战性的问题(Vindigni和Surawicz,2015)。粪菌移植(FMT)作为一种治疗复发性CDI的方法引起了人们的兴趣,临床试验中报道的有效率高达90%(van Nood等,2013;Kelly等,2016)。表面上看,因为肠道微生物群落已经严重缺乏或受到破坏,所以FMT的目标是恢复菌群的原始健康状态。利用特定益生菌混合物的微生物疗法是实现相同目标的一个更系统的方法;在这种情况下,科学家们使用从粪便中分离出的特定混合菌群,这些混合菌群已被实验证实可以恢复正常的肠道菌群(Almeida等,2016)。用这种方法,一种含有33种肠道微生物的制剂通过重建正常菌群,在几天内就成功治愈了2例高毒性 CDI(Petrof 等,2013)。在设计此类治疗方案时,一个重要的考虑因素是确定次级胆汁酸(SBA)为肠道中艰难梭菌生长的抑制剂(Theriot 等,2015)。某些肠道细菌可将肝脏产生并分泌到小肠的初级胆汁酸修饰成 SBA,而这些细菌可通过抗生素疗法杀灭。

诺如病毒

诺如病毒是全球胃肠炎的主要病原体,估计每年可导致 1.25 亿病例(Kirk 等,2015)。诺如病毒分为 7 个基因型,已知其中 3 个基因型可引起人类感染(de Graaf 等,2017)。这些病毒具有高度传染性,部分原因是它们在环境中非常稳定,经常在游轮、医院和疗养院等人员聚集场所引起暴发。病毒可以通过污染的食物或水在人与人之间传播,也可以从环境中传播。确定病毒来源在疫情暴发中至关重要,但在诺如病毒感染中却很复杂,因为可能涉及多种传播模式(Verhoef 等,2015)。新的实验室培养方法和小鼠模型显著提高了对诺如病毒感染的认识(Baldridge 等,2016)。在分离肠道病毒时,通常会在尝试病毒培养之前过滤粪便样本以去除细菌。结果发现,诺如病毒不能在过滤后的粪便样本中培养,但如果省略过滤步骤,就可以培养(Jones 等,2014)。诺如病毒的成功分离需要某些肠道细菌存在,阴沟肠杆菌就是一种。在阴沟肠杆菌的细胞壁中偶然发现了一种人血型抗原,这种抗原也存在于人红细胞和肠上皮细胞中;诺如病毒与阴沟肠杆菌上的这种抗原结合,并推测这种结合可促进诺如病毒黏附到其宿主细胞上。肠上皮细胞和免疫细胞,如巨噬细胞、树突状细胞,特别是 B 细胞,现已被确定为支持诺如病毒复制的宿主。有效的病毒培养方法无疑将让人们更好地了解这种重要的肠道病原体。

与肠道菌群有关的复杂疾病

哮喘和过敏

最常见的过敏形式是当一种外来抗原(在这种情况下称为过敏原)激活了一种称为 Th2 细胞的特异性 T 细胞亚群时发生的。过敏原激活的 Th2 细胞反过来诱导浆细胞产生属于特定类别的过敏原特异性抗体,称为免疫球蛋白 E(IgE)。当过敏原特异性 IgE 附着在肥大细胞上时,称为肥大细胞致敏。肥大细胞是组织内的免疫细胞,其特征是细胞内有许多富含促炎性化学物质的颗粒,组胺就是这些化学物质中的一种。当遇到过敏原时,过敏原附着在与细胞结合的 IgE 上,导致储存在肥大细胞颗粒中的化学物质释放,随后,这些物质会诱发炎症反应。

如上所述,肠道免疫系统可以耐受消化道中大量的共生微生物。人们日常饮食中摄入大量异物,而肠道免疫系统通常也能耐受这些物质,这种现象称为口服耐受。另一方面,食物过敏是 IgE 介导的过敏反应的常见例子,这些事件的发生(包括口服耐受性丧失)与肠道内稳态机制的功能障碍直接相关(Adami 和 Bracken,2016)。观察表明,无菌小鼠不会产生口服耐受性,从而明确了口服耐受性与肠道菌群之间的关系。有关肠道菌群和口服耐受性的更多细节将在进一步研究中呈现。

哮喘是一种 IgE 介导的气道对呼吸道吸入物的过敏性疾病(Adami 和 Bracken,2016)。图 4.2A 比较了非哮喘气道和哮喘气道,主要区别在于哮喘气道因平滑肌增厚导致气道开放减少。在健康的气道中,呼吸道富含肺泡巨噬细胞,而肺组织又富含免疫细胞。最显著的是幼稚(未被激活)T 细胞和 Treg 细胞(图 4.2B)。如上所述,Treg 细胞抑制免疫细胞的活动。哮喘有两种类型,Th2 哮喘最常见(图 4.2C,左),其特征是存在过敏原特异性 Th2 细胞,该细胞诱导浆细胞产生过敏原特异性 IgE,并分泌细胞因子,招募炎性嗜酸性粒细胞到病变部位。另一种哮喘类型则不

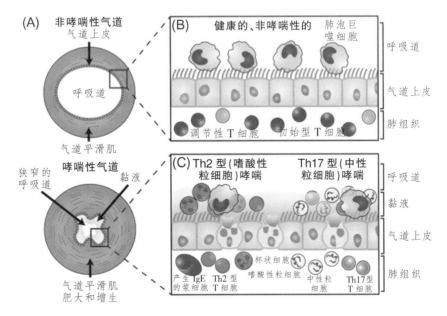

图4.2 非哮喘性和哮喘性气道的比较。(A)横断面图。(B)健康气道的特征。(C)两种哮喘性气道的特征:Th2 或嗜酸性粒细胞型哮喘(左)和 Th17 或中性粒细胞型哮喘(右)。(From Adami,A. J.,Bracken,S. J.,2016. Breathing better through bugs:asthma and the microbiome. Yale J. Biol. Med.89(3),309–324.)

会被 Treg 细胞和 IgE 介导,而是由另一种称为 Th17 的 T 细胞亚群驱动,Th17 细胞因能产生促炎性细胞因子 IL-17 而著称(图 4.2C,右)。该哮喘类型又被称为 Th17 或中性粒细胞型哮喘,后者是因为中性粒细胞被募集到呼吸组织中而得名。

过去四五十年里,哮喘发病率显著增加,尤其在高收入国家。为了解释这一趋势,Strachan 提出了卫生假说,该假说认为,由于"个人清洁标准提高",接触传染性微生物的机会明显减少,导致某些疾病如过敏的发病率增高(Strachan,2000)。支持该假说(或稍微有所修改的"老友"假说,Rook 和 Brunet,2005)的证据不断增加。例如,第 5 章中阿米什和哈特人群中有关哮喘发病率的描述。哮喘和过敏经常发生于生命早期,并且和肠道菌群失调相关。最近一项对 319 名健康婴儿的研究发现,哮喘最有可能发生在出生后 100 天内存在肠道菌群异常的婴儿中(Arrieta 等,2015)。此外,存在哮喘风险的人群中,4 种细菌属的丰度显著下降,即毛螺菌属、粪杆菌属、罗斯菌属和韦永球菌属。通过接种这些细菌到无菌小鼠中,这些细菌和哮喘发生之间的因果关系已经得到了证实。

炎性肠病

研究证实了肠道菌群在炎性肠病(IBD),包括克罗恩病(CD)和溃疡性结肠炎(UC)发生机制中的确切作用。据该领域的两位著名研究人员 Sartor 和 Wu 的研究,目前认为,CD 和 UC"可能是因为具有遗传易感性的宿主,对肠道菌群特定成分产生过激的 T 细胞介导的免疫反应,而环境诱因能引发疾病或重新激发疾病"(Sartor 和 Wu,2017)。图 4.3 显示了 IBD 中可能影响肠道菌群的遗传和环境因素。

IBD 中肠黏膜微生物多样性降低(Walker 等,2011;Ott 等,2004),在 CD 中降低最为明显。研究发现,与健康个体相比,IBD 患者中微生物物种的组成也存在差异;在 CD 和 UC 中,产 SCFA 的微生物如真杆菌、罗斯菌,尤其是普拉梭菌(一种产抗炎性丁酸的厌氧菌)都存在减少的趋势。最近,还报道了 IBD 中真菌菌群的改变:与健康个体相比,担子菌门/子囊菌门之比增加,酵母菌的比例降低,而白色念珠菌的比例增加(Sokol 等,2016)。

CD 或 UC 稳定的微生物标记尚不清楚,但是 CD 可能有潜在的生物标记。多项研究表明,肠杆菌科成员,特别是大肠杆菌黏附侵袭型菌株,在 CD 患者的肠道内增多,而普拉梭菌减少。除了低水平的 SCFA 外,还存在功能改变:主要表现为氧化应激途径的变化,以及糖类代谢和氨基酸生物合成的减少(Wright 等,2015)。最近的一项研究分析了来自 4 个国家(西班牙、比利时、英国和德国)的 2000 多名患有和未患有 IBD 受试者的微生物群组成。结果显示,CD 具有不同的微生物组

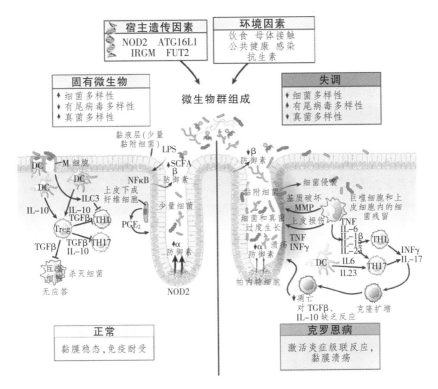

图 4.3 IBD 发病机制中可能影响微生物组成的遗传和环境因素。(From Sartor, R. B., Wu, G. D., 2017. Roles for intestinal bacteria, virusess, and fungi in pathogenesis of inflammatory bowel diseases and therapeutic approaches. Gastroenterology, 152(2), 327–339. Copyright 2017, with permission from Elsevier.)

标记,与地理区域无关(Pascal 等,2017),研究人员还观察到几种产丁酸盐微生物的减少,如粪杆菌属、克里斯滕森菌属、甲烷短杆菌属和颤螺旋菌属。基于 8 个菌属建立的方法,研究人员可以识别 CD 患者。

  法国的一项研究揭示了宿主基因如何影响肠道菌群的组成和功能,进而影响代谢产物的产生和类似 IBD 的炎症。与携带半胱氨酸蛋白酶募集域家族成员 9 (CARD9)基因的小鼠相比,未携带该基因(缺失这种基因易患结肠炎)的小鼠具有不同的微生物组成,并且当基因正常的无菌小鼠移植了 CARD9 缺陷小鼠的微生物群时,它们更易患肠道炎症。这种现象与结肠中 IL-22 水平降低有关。因此,CARD9 基因缺失引起肠道菌群的组成和功能发生改变,导致肠道免疫细胞产生 IL-22 障碍,进而引起肠道炎症(Lamas 等,2016)。这就为基因如何通过微生物群影响疾病易感性提供了一个新的视角,并且由于 CARD9 基因也与人类 IBD 有关

(Rivas 等,2011),因此这项工作可能为未来治疗提供了方向。

代谢综合征与肥胖

在过去10年里,研究人员已经对肠道菌群与代谢性疾病(包括超重/肥胖)之间的关系有了非常深入的了解。代谢综合征包括一系列复杂的症状,如血糖调节失控、血脂异常、高血压和肥胖。肥胖症状涉及脂肪组织过多,并与代谢综合征密切相关。这些症状与人类肠道菌群之间的各种联系,目前尚在探索中。

现有研究表明,人类代谢疾病通常与肠道菌群多样性和功能丰富性的降低有关(Wu 等,2015)。在肥胖方面,2004年的一项实验(Bäckhed 等,2004)表明,较瘦的无菌小鼠移植了正常菌群后,即使食物摄入减少,但它们体内的脂肪增加了60%,并且对胰岛素抵抗增加。研究人员据此提出(Turnbaugh 等,2006),某些个体的微生物群从给定饮食中提取能量的效率可能比其他人更高。2013年的一项人源化小鼠研究(Ridaura 等,2013)显示:人类粪便中的某些菌群可以将肥胖转移给无菌小鼠。研究人员从基因完全一致的一对女性双胞胎(一位偏胖,一位偏瘦)中提取粪菌,并移植给小鼠,结果发现,相比于接受偏瘦者肠道菌群的小鼠,接受偏肥胖者菌群的小鼠体重增加得更多。但是,把这两种小鼠共同饲养在一起,却可以使两组小鼠都保持苗条(尽管这取决于饮食)。

但是,要将这些来自小鼠的重要结果运用到人类却并非易事。最初的研究(Turnbaugh 等,2009)似乎都认为,瘦人和胖人的肠道菌群在门水平上有差异,胖人的厚壁菌门/拟杆菌门比例增加。然而胖人肠道菌群的特征在不同研究之间各不相同。最近的分析(Walters 等,2014;Sze 和 Schloss,2016)显示,肥胖与特定菌群之间的关联微弱,有些研究甚至不支持肥胖症中厚壁菌门与拟杆菌门比率的相关性。最新的研究表明,人类复杂的菌群可能在代谢紊乱中发挥作用:一项对310名体重指数(BMI)各不相同个体的研究发现,22种细菌和4个操作分类单元(OTU)与代谢综合征的特征或呈正相关,或呈负相关(Zupancic 等,2012)。

一些科学家已经开始关注影响代谢参数的关键物种,特别是嗜黏蛋白阿克曼菌,它位于肠道营养丰富的黏液层中,能降解黏蛋白。先前有研究表明,嗜黏蛋白阿克曼菌的水平在肥胖和2型糖尿病小鼠中降低,用这些细菌进行治疗,可以逆转由高脂饮食引起的代谢紊乱,包括脂肪重量增加、代谢性内毒素血症、脂肪组织炎症和胰岛素抵抗(Everard 等,2013)。嗜黏蛋白阿克曼菌能够控制宿主黏液的产生,恢复高脂饮食诱导的肥胖小鼠的黏液层厚度,从而降低肠道通透性。这一研究产生了一种假说:嗜黏蛋白阿克曼菌能够与肠道上皮组织交叉对话,共同控制肥胖症生理病理过程中的炎症和肠屏障功能。尽管嗜黏蛋白阿克曼菌在人类中的作用尚不明确，但是在一些存在代谢紊乱和炎性疾病的人体中减少。另一项研究表明，在通过热量限制治疗肥胖的受试者中，具有较高嗜黏蛋白阿克曼菌水平的受试者，呈现出更佳的代谢状态和临床结果(Dao 等,2016)。

最近的一项研究表明,经巴氏灭菌(热灭活)处理的嗜黏蛋白阿克曼菌,可以降低小鼠脂肪累积和胰岛素抵抗，并可调节肠道能量吸收和宿主尿液代谢组(Plovier 等,2016)。研究人员将这些作用归功于该细菌外膜一种称为"Amuc_1100*"的蛋白质,它和 Toll 样受体 2 相互作用。其他研究发现,这种蛋白可引起 IL-10 水平增高,并可改善肠道屏障功能(Ottman 等,2017)。该细菌蛋白的抗炎活性可能解释了这种作用。

肥胖发病机制中的一个重要理论认为,代谢和免疫系统之间通过肠道菌群产生的密切联系具有重要作用。大量研究表明,肠道菌群吸收革兰阴性菌外膜成分的脂多糖(LPS)后,肠道通透性增加,导致内毒素(即 LPS)通过受损肠道释放,引发代谢性内毒素血症。另外,促炎细胞因子被激活,引起已知与肥胖相关的慢性轻度炎症(Khan 等,2016)。这一过程如图 4.4 所示。

肥胖和肠道菌群之间具有已知的联系，这印证了肥胖是一种病因复杂的疾病,反驳了将肥胖归因于不良生活方式的错误观点。最近一篇关于内分泌的论文主张重新定位肥胖,将其命名为"基于肥胖的慢性疾病"(ABCD)(Mechanick 等,2016)。

2 型糖尿病

与上述研究相关,肠道菌群正成为发生胰岛素抵抗的关键因素。2012 年的一项大规模研究证实,中国 2 型糖尿病患者的肠道菌群不同于对照组,患者肠道内某些产丁酸盐的细菌丰度降低,而机会致病源增多。此外,患者体内富含硫酸盐还原及抗氧化应激的微生物基因(Qin 等,2012)。大量其他研究发现,2 型糖尿病组和对照组之间存在着肠道微生物组成的差异,虽然没有单一的成分或功能特征预示这型糖尿病,但两组之间的差异细菌都是影响炎症和能量稳态的细菌(Caricilli 和 Saad,2013)。

轻度全身性炎症可导致代谢改变,从而导致胰岛素抵抗和肥胖。目前尚不清楚触发炎症的始动因素。细菌本身可能发挥了作用,如果产 SCFA 的细菌减少,肠道屏障可能受损,从而有利于细菌移位。如上所述,这可能导致血浆 LPS 增高,并刺激炎症反应、细胞因子产生、趋化因子介导的急性炎性细胞募集,从而导致代谢

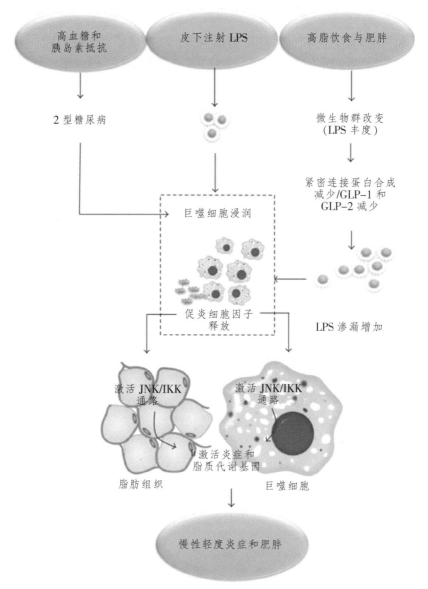

图 4.4 LPS 在炎症发生中的作用及其与肥胖关系的模型。胰高血糖素样肽 1 和 2 (GLP-1 和 GLP-2)表达减少引起黏膜屏障功能改变,进而导致黏膜功能改变以及紧密连接蛋白、胞质紧密粘连蛋白 1 和胞质紧密粘连蛋白 2(ZO-1 和 ZO-2)合成减少,肠道通透性增加。这使得脂多糖进入体循环,导致促炎细胞因子的释放。激酶家族 JNK 和 IKK(NFkB 激酶抑制剂)因此激活,从而增加炎症和脂质代谢基因的表达。皮下注射 LPS、高血糖和胰岛素抵抗可通过增强内质网和线粒体应激来诱导激活相同的通路。2 型糖尿病、高血糖和胰岛素抵抗也会导致巨噬细胞浸润和炎性细胞因子的释放,其效应与高脂饮食相同。LPS,脂多糖。(From Khan, M. J. et al., 2016. Role of gut microbiota in the aetiology of obesity: proposed mechanisms and review of the literature. J. Obes. 2016, 7353642.)

性内毒素血症(Cani 等,2007)。基于在消化膳食性脂质时,胆汁酸可能在能量、葡萄糖和脂质代谢方面充当信号分子,因此,胆汁酸在 2 型糖尿病发病机制中的作用也正在研究(Prawitt 等,2011)。

心血管疾病

心血管疾病(CVD)是指狭窄或阻塞的血管导致的心脏病发作、心绞痛或卒中。在有症状的动脉粥样硬化患者中,已发现肠道菌群结构及功能的改变。研究发现,与健康人相比,患者肠道柯林斯菌属增加,而罗斯菌属和真杆菌属减少,并且肠道宏基因组富含编码肽聚糖合成的基因(Karlsson 等,2012)。将高血压供者的肠道菌群移植给无菌小鼠,会增加受体小鼠的血压,表明了菌群的致病作用(Li 等,2017)。

对近 900 名志愿者的研究显示,肠道菌群与人类 CVD 危险因素之间存在关联。研究发现,34 种细菌类群与 BMI 和血脂相关,这是两个重要的 CVD 危险因素。肠道菌群解释了 BMI 4.5%的差异,甘油三酯 6%的差异,以及高密度脂蛋白(HDL)4%的差异,但是似乎与低密度脂蛋白(LDL)没有相关性。由于可以解释 BMI 4.5%的差异,微生物数据可能成为比人类基因数据更强大的预测工具,因为人类基因数据仅能解释 2.1%的差异。将这些信息输入一个新的 CVD 风险模型,作者能够解释高达 25.9%的 HDL 差异。因此他们认为,肠道菌群在 BMI 及血脂的变异中发挥作用,肠道菌群可作为代谢综合征的治疗靶标(Fu 等,2015)。

Stanley Hazen 实验室确定了早期动脉粥样硬化代谢产物三甲基胺氧化物(TMAO)是 CVD 的危险因素,并提出饮食、肠道菌群及健康之间的明确关系。众所周知,红肉摄入与 CVD 发生风险之间具有关联。卵磷脂、胆碱、甜菜碱和左旋肉碱都是含有三甲胺(TMA)的膳食化合物,它们在红肉中的含量特别丰富。摄入红肉后,宿主肠道菌群吸收含有 TMA 的化合物,释放 TMA,通过肝脏中的酶代谢形成 TMAO(Liu 等,2015)。肠道菌群在 TMAO 的产生中至关重要(Koeth 等,2013),TMAO 的增加,而不是肠道内含 TMA 的化合物水平,被认为是 CVD 的独立危险因素(Wang 等,2014)。

科学家研究左旋肉碱时发现,先前的饮食习惯(例如食用红肉)可能会影响人体从左旋肉碱产生 TMAO 的能力。当杂食者摄入左旋肉碱时,将会比纯素食者或素食者产生更多的 TMAO。此外,血浆中的左旋肉碱水平增高,预示 CVD 和主要不良心脏事件(心肌梗死、卒中或死亡)的风险增加,但只发生在 TMAO 水平增高的患者(Koeth 等,2013)。

另一项研究发现,摄入磷脂酰胆碱后,健康受试者的 TMAO 水平呈时间依赖性增加。但使用抗生素后,血浆 TMAO 水平暂时降低。对 4000 多名接受择期冠状动脉造影患者的随访发现,即使调整了传统危险因素,血浆 TMAO 水平依然预示了主要的不良心血管事件(Tang 等,2013)。

1 型糖尿病

1 型糖尿病是一种慢性自身免疫性疾病,因遗传易感人群中,胰腺产生胰岛素的 β 细胞受损而发病。在临床前期的 1 型糖尿病患者群中,肠道菌群中的优势菌门是拟杆菌门。同时这些患者产丁酸菌减少,细菌多样性和功能多样性降低,菌落稳定性下降(Knip 和 Siljander,2016)。一项对 4 个家庭 20 多名患有 1 型糖尿病患者的信息集成多组学研究发现,糖尿病患者的粪便中各种胰酶的相对丰度存在差异,这与包括硫胺素合成与糖酵解在内的微生物基因表达相关。虽然没有观察到与 1 型糖尿病有关的一致的分类学变化,但是一些微生物群似乎是造成功能差异的原因(Heintz-Buschart 等,2016)。

对 β 细胞具有自身免疫性的儿童肠道中,产乳酸及丁酸的菌种较少,并且两种主要的双歧杆菌(青春双歧杆菌及假链状双歧杆菌)明显减少,而拟杆菌属较多(de Goffau 等,2013)。肠道菌群可能具有预测价值:一项对 33 名遗传易患 1 型糖尿病的婴儿的研究发现,那些最终患病的婴儿,在血清转换和疾病诊断之间的 α 多样性下降,而细菌、基因功能、血清或粪便中与炎症有关的代谢物增加(Kostic 等,2015)。因为肠道菌群改变发生在自身抗体出现以后,所以肠道菌群可能参与了 β 细胞出现自身免疫性到出现临床疾病的进展过程,而没有参与疾病的发生。

肝脏疾病

流向肝脏的血液中有超过 2/3 来源于肠道,这些血液通过门静脉系统直接到达肝脏(Ianiro 等,2016),这就使肝脏暴露于大量的细菌组分及其代谢物之中(Tilg 等,2016)。越来越多的证据表明,肠道菌群与几种肝脏疾病的发病机制有关。

非酒精性脂肪性肝病(NAFLD)包括一系列与肝细胞中脂肪储存过量相关的肝脏疾病,是全球最常见的慢性肝病的病因。其病理学范围从非酒精性脂肪肝(NAFL)到脂肪性肝炎(NASH),并可能进展成肝纤维化(Del Chierico 等,2014)。

肠道菌群在肝脏脂肪形成的调节中发挥作用(Delzenne 和 Kok,1998),而且事实上,NAFLD 中也发现了肠道菌群组成的改变。研究发现,NAFLD 和肥胖人群中乳酸菌以及部分厚壁菌门(毛螺菌科、多尔菌属、罗宾逊菌属和罗斯菌属)升高,而粪便中酯类挥发性有机化合物的峰值与这些成分的变化有关（Raman 等，2013）。另一项研究发现，NASH 的发生与拟杆菌水平降低有关（Mouzaki 等，2013）。Boursier 及其同事还发现了预示 NAFLD 严重程度的肠道菌群特点：与 NAFLD 严重程度相关的肠道菌群的结构和功能都发生了改变（Boursier 等，2016），如拟杆菌与 NASH 有关，而瘤胃球菌与显著纤维化有关。

肠道菌群也可能导致肝性脑病（HE）的发生，肝性脑病是肝衰竭引起的脑功能恶化（可能是意识改变或者昏迷）。肠道菌群可能通过产氨来影响 HE 的发展，因为氨能引起全身炎症反应，从而影响大脑（Shawcross 等，2010）。肝硬化小鼠模型证实，肠道菌群的改变促进了疾病引起的神经炎症和全身炎症反应（Kang 等，2016）。

酒精性肝病（ALD）包括了一系列与长期大量饮酒有关的疾病。早在 1984 年，人们就观察到，长期酗酒者出现小肠细菌过度生长的现象（Bode 等，1984）。目前，对疾病发病机制的理解认为，酒精引起肠道通透性紊乱，进而导致 LPS 进入体循环（Szabo，2015）；嗜酒者肠道菌群的改变，似乎与血清中高水平 LPS 有关（Mutlu 等，2012）。在肠道菌群发生改变之前，可能就已经出现了肠上皮屏障受损。

肝硬化，即不可逆的肝瘢痕化，是多种慢性肝脏疾病的结果。欧洲 MetaHIT 项目的数据显示，肝硬化患者和健康人群之间，大量肠道菌群基因的丰度不同。这些细菌大多数来自口腔（Qin 等，2014），表明下消化道中口腔菌群的过度生长是肝硬化的特征。其他研究也显示，肝硬化患者肠道菌群有差异；在细菌的门层面，拟杆菌门的比例降低，而变形杆菌门和梭杆菌门增加（Chen 等，2011）。研究人员采用肝硬化的肠道菌群失调指数，他们发现，肠道菌群失调的程度与内毒素以及疾病进展的严重程度有关（Bajaj 等，2014）。

坏死性小肠结肠炎

在一些早产儿中，当部分肠道发生坏死（组织坏死）时，这称为坏死性小肠结肠炎（NEC）。研究发现，肠道菌群是这种严重疾病的发病因素之一。一项 Meta 分析显示，与未患病的婴儿相比，在 NEC 发生之前，婴儿的粪便菌群中，变形杆菌相对丰度增加，而厚壁菌和拟杆菌的相对丰度降低（Pammi 等，2017）。

肠易激综合征

肠易激综合征（IBS）是一种常见的以慢性腹痛、腹胀、胀气和（或）排便习惯改变为主要症状的疾病，缺乏确定的生理依据。多项研究发现，包括一些 30 多年前的研究(Balsari 等,1982),IBS 患者与正常对照组相比,肠道菌群组成存在差异,包括菌群多样性减少,特定菌群比例不同(例如乳酸菌和双歧杆菌减少,需氧菌和厌氧菌之间的平衡失调),以及在时间上的高度不稳定性。IBS 患者的黏膜细菌也更丰富 (Distrutti 等,2016)。已知 IBS 可发生于急性胃肠道感染后 (Thabane 和 Marshall,2009),因此有人认定感染导致肠道菌群的显著改变与某些类型 IBS 的发病机制有关。这种情况可能会因地理格局的变化而有所不同,分析表明,在中国和世界其他地区,有或者没有 IBS 的人群中,肠道菌群的特征都不相同(Zhuang 等,2017)。

肠道菌群可能成为人们期待已久的 IBS 功能性综合征的生物标记。一项瑞士成年人 IBS 的研究发现,与正常对照组相比,IBS 患者粪便中的菌群组成没有差异,但是通过一种新的机器学习方法,研究者发现了与 IBS 严重程度有关的微生物学标记,包括 90 个细菌操作分类单位(Tap 等,2017)。这种标记在不同地理人群中的有效性还有待观察。

肿瘤

近来发现,肠道菌群与结直肠癌(CRC)相关。毫无疑问,遗传是 CRC 的病因之一,但是很多研究都在致力于发现与 CRC 相关的环境因素。尤其是可以通过饮食改变的肠道菌群,正在成为一个重要的因素。研究表明,与正常对照组相比,粪便菌群组成的变化与 CRC 相关;通常表现为某些产丁酸盐菌种的减少。此外,将 CRC 小鼠的粪便移植到无菌小鼠,会导致肿瘤发生增加(Zackular 等,2013)。

在肠道菌群与 CRC 的联系中,饮食对肠道菌群的调节能力可能会发挥重要作用。一项人体研究显示,连续两周摄入高脂肪、低纤维饮食,导致了预示 CRC 风险的黏膜生物标记升高(O'Keefe 等,2015)。胃肠道细胞持续暴露于高浓度胆汁酸(发生在摄入高脂饮食的人群中),可能是饮食与结肠癌关联的机制(Ajouz 等,2014)。

由于幽门螺杆菌与胃癌密切相关,并被认为是人类致癌物(O'Connor 等,2017),因此研究人员也在探索胃的固有菌群是如何与幽门螺杆菌相互作用,从而对胃部疾病和胃癌的发生风险造成潜在影响(Touati,2010)。

营养不良

患有严重急性营养不良(SAM)的儿童可以接受治疗性的饮食干预,但是这些干预往往无法完全恢复儿童的健康生长。一项对孟加拉国 SAM 患儿的重要研究显示,与同龄人相比,SAM 患儿的肠道菌群不成熟,而且这种不成熟在摄入治疗性食物后也得不到解决(Subramanian 等,2014)。因此有人提出,肠道菌群是决定营养不良儿童成长的关键因素。将 SAM 患儿未成熟的肠道菌群移植到无菌小鼠中时,会导致小鼠生长表型受损,这表明肠道菌群异常是造成营养不良的病因(Blanton 等,2016)。细菌促进生长的机制仍在研究中,最近发现,肠道乳酸杆菌可促进慢性营养不良小鼠的生长(Schwarzer 等,2016)。

乳糜泻

乳糜泻(CD)是以膳食麸质诱发的免疫反应为特征的疾病,这种麸质存在于小麦、大麦、黑麦及其他膳食成分中。CD 与肠道菌群的改变有初步联系:研究报道,尽管坚持无麸质饮食,出现 CD 症状的患者十二指肠中菌群丰度较低,变形杆菌丰度相对较高,而拟杆菌和厚壁菌丰度相对较低(Wacklin 等,2014)。

最近一项研究揭示了从 CD 患者小肠中分离的细菌(铜绿假单胞菌)参与麸质代谢的机制,即在消化时产生一种独特形式的谷蛋白,这种形式的谷蛋白免疫原性增强。来源于无 CD 人群的菌群对麸质消化的影响不同,麸质代谢产物的免疫原性降低(Caminero 等,2016)。

大脑相关疾病

重度抑郁症患者粪便的菌群组成似乎有所不同:一项研究发现,与没有抑郁症的人相比,抑郁症患者粪便中的拟杆菌、变形杆菌和放线菌的水平增加,厚壁菌水平减少,而粪杆菌属与抑郁症严重程度呈负相关(Jiang 等,2015)。

关于帕金森病(PD),一项初步研究发现,与对照组相比,PD 患者肠道菌群发生了变化:普雷沃菌科的丰度减少,肠杆菌科的相对丰度与患者姿势不稳性和步态困难程度呈正相关(Scheperjans 等,2015)。其他几项研究也发现了 PD 患者肠道菌群的变化,除了产丁酸(抗炎)的细菌丰度减少之外,这些变化没有一致的特征。在一项模拟 PD 部分特征的小鼠模型研究中发现了有趣的现象,肠道菌群对运动缺陷、小胶质细胞活化及共核蛋白病的发生至关重要。当 PD 患者(而不是健康个体)的肠道菌群移植到小鼠中时,会增强 PD 啮齿类动物模型的躯体损伤(Sampson 等,2016)。

孤独症谱系障碍(ASD)是一种神经发育障碍性疾病,其特征是异常的社交和沟通,以及重复性行为,常与胃肠道功能失调同时发生。部分 ASD 患者肠道菌群发生了改变,肠道菌群在 ASD 中的作用尚处于早期研究阶段。在一项对患有或不患有 ASD 的胃肠道功能失调儿童的研究中,研究者发现了 ASD 患儿特有的黏膜菌群特征(梭菌属增多,多尔菌属、布劳特菌属和萨特菌属明显减少),这些菌群特征与细胞因子和色氨酸稳态相关(Luna 等,2017)。而母体饮食、肠道菌群和行为之间的因果关系已在动物模型中得到证实:在小鼠中,母体高脂饮食导致肠道菌群发生变化,对后代的社会行为产生了负面影响。菌群失调和社会缺陷都可以转移到无菌小鼠上,但可以通过暴露于母鼠饮食正常的小鼠的粪便,或摄入单一共生菌属得到预防(Buffington 等,2016)。此外,另一项小鼠模型研究证实,ASD 中存在肠-脑-菌的联系,该研究显示了 ASD 的特征性变化,同样包括肠道屏障缺陷和菌群改变。用脆弱拟杆菌对这些小鼠进行口服治疗,可改善肠道通透性,改变菌群组成,并改善行为缺陷(Hsiao 等,2013)。

其他疾病

多发性硬化(MS)是一种中枢神经系统疾病,以大脑、脊髓病变和炎症脱髓鞘为特征。虽然其发病机制尚未完全阐明,但很可能与肠道菌群有关。仅有的几项人体研究显示,与对照组相比,MS 的肠道菌群多样性没有差异。然而,可能存在某些菌群富集,而某些菌群减少,提示存在促炎环境(Tremlett 等,2017)。例如,一项研究发现,梭菌属簇 XIVa 簇和 IV 簇的细菌显著减少(Miyake 等,2015)。此外,研究者采用 MS 小鼠模型发现,肠道菌群在触发导致疾病的自身免疫过程中起到了关键作用(Berer 等,2011)。

类风湿关节炎(RA)是一种进展性关节炎,患者肠道菌群的多样性降低。一项关于 RA 的研究($n=40$)发现,与健康人相比,RA 患者的稀有肠道菌群(放线菌)增加。该研究还观察到肠道菌群与代谢特征之间的相关性,因此部分学者认为,肠道菌群将来会对 RA 具有预测价值(Chen 等,2016)。

系统性红斑狼疮(SLE)是一种自身免疫性疾病,患者机体对自身抗原的耐受性下降。尽管已有报道 SLE 患者肠道菌群异常,最近的一项研究进一步发现,针对某些肠道细菌的免疫反应可能与淋巴细胞过度活化和 Treg-Th17 转分化有关,SLE 患者中已经发现存在这种现象。研究发现,互养菌门可能在 SLE 产生保护性体液免疫应答中发挥作用(López 等,2016)。

人类免疫缺陷病毒(HIV)感染会导致严重的免疫缺陷——获得性免疫缺陷综合征(AIDS)。严重免疫缺陷的 HIV 感染者的肠道病毒显著增加,并伴有肠道菌群多样性和丰度的降低。HIV 感染者最显著的变化之一是炎症相关肠杆菌科增加(Monaco 等,2016)。调节共生菌群将来可能会发展为改善 HIV 感染预后的辅助治疗手段(Williams 等,2016)。

肌痛性脑脊髓炎/慢性疲劳综合征(ME/CFS)是一种了解甚少的,以极度疲劳和各种其他症状为特征的慢性疾病。初步证据表明,患者不仅肠道菌群改变,而且菌群移位增加。ME/CFS 患者肠道菌群多样性降低,伴随促炎菌群增加及抗炎菌群减少(Giloteaux 等,2016)。肠道菌群的改变可能在促进患者的菌群移位和炎症反应中发挥作用。

定义"健康"和"不健康"的肠道菌群

本章中的许多研究比较了健康与疾病两种情况下的肠道菌群。越来越多的疾病被发现与肠道菌群的组成和(或)功能改变有关,其范围从代谢性疾病和肝病到一些与脑相关的功能障碍。已患某种疾病的个体与健康个体相比,肠道菌群组成具有统计学上的显著差异,这种差异可以称为失调。一些科学家将失调定义为复杂肠道菌群的一种破坏(Petersen 等,2014),但对任何个体来说,构成破坏的准确菌群是无法定义的。"失调"这个词可被用作表示与疾病相关的肠道菌群组成的简写,但它本身不能作为一个诊断术语。

然而,"健康"肠道菌群的特征非常难以掌握。现已提出了以下几个概念。

"好"细菌与"坏"细菌之间的平衡

"好"细菌与"坏"细菌的概念可以追溯到 Pasteur 和 Metchnikoff 时期,当时科学家们认识到的人类肠道可培养细菌的数量有限,貌似可以通过增加或减少它们的数量来影响健康。现代观念认为,人类肠道是极其复杂的生态系统,数百种菌种在不断变化的条件下为自己的生存而竞争,使得"好""坏"细菌这种简单的概念过时了。尽管病原体的存在通常会产生负面结果,而肠道中机会致病菌(例如,拟杆菌中的脆弱拟杆菌、某些大肠杆菌和肠球菌)的影响取决于具体情况。此外,到目前为止,将健康菌群描述为一组特定的微生物很明显是不可能的(Lloyd-Price 等,2016);在所有健康个体中都不存在核心微生物类群。

最近,Olesen 和 Alm 认为,失调作为菌群"失衡"的普遍观点不会有助于临床认识(Olesen 和 Alm,2016)。事实上,平衡的概念很难科学定义,如果失调真的能预测疾病状态,那么它应该被明确定义,并且是公认的生物标记。

菌群丰富性或多样性

文献中常见的观察结果是,健康人的肠道菌群多样性和(或)丰度增加。然而也有反例存在,例如最近有研究发现,肠道菌群的高度多样性与结肠传输时间增加,以及体循环中存在可能有害的蛋白质降解产物有关(Roager等,2016)。多样性降低可能预示机体健康状况较差,但多样性较高也并不一定保证机体健康。因此仅有多样性的信息,并不足以评估菌群或宿主的健康状况。

功能多样性

肠道菌群的基因数量与代谢健康及其他方面的健康呈正相关(Le Chatelier等,2013)。无论何种特定的微生物,代谢的高度多样性及其他可执行的分子功能,是代表肠道菌群健康的较有前景的标志。从生态学的角度来看,功能多样性可能是生态系统正常运行的关键因素(Laureto等,2015)。还需要更多的研究来探索肠道菌群的功能多样性。

稳定性或恢复性

对于任何生态系统来说,一定程度的稳定性是持续维持其自身存在的必要条件。一些科学家提出,对内外环境变化的适应性(能够迅速恢复至基本功能特征的能力;见上文)是健康肠道菌群的关键特征(Bäckhed等,2012)。这需要复杂的测量方法来研究,并应该会成为未来研究的主题。

在没有疾病的个体中,"健康相关"微生物群比"健康微生物群"这个术语更合适,因为根据现有的研究,仅凭肠道菌群的组成无法预测任何疾病或健康状态。肠道菌群的许多状态可能与健康相关,或者说"动态平衡"能更好地描述健康人群中的肠道菌群(Lloyd-Price等,2016)。更为复杂的是,还有科学家指出:"健康人的肠道菌群可能不等同于健康菌群。西方人的菌群可能是致病菌——使人容易罹患多种疾病"(Sonnenburg和Sonnenburg,2014)。未来研究中如何区别以下内容是一项相当具有挑战性的任务:①最佳微生物群;②可能预示疾病风险的微生物群;③容易引起疾病的微生物群。

(孙丹 黄文涛 译)

参考文献

Abt, M.C., McKenney, P.T., Pamer, E.G., 2016. Clostridium difficile colitis: pathogenesis and host defence. Nat. Publ. Group 14 (10), 609–620.

Adami, A.J., Bracken, S.J., 2016. Breathing better through bugs: asthma and the microbiome. Yale J. Biol. Med. 89 (3), 309–324.

Ajouz, H., Mukherji, D., Shamseddine, A., 2014. Secondary bile acids: an underrecognized cause of colon cancer. World J. Surg. Oncol. 12, 164. Available from: http://www.ncbi.nlm.nih.gov/pubmed/24884764.

Almeida, R., Gerbaba, T., Petrof, E.O., 2016. Recurrent Clostridium difficile infection and the microbiome. J. Gastroenterol. 51 (1), 1–10.

Arpaia, N., et al., 2013. Metabolites produced by commensal bacteria promote peripheral regulatory T-cell generation. Nature 504 (7480), 451–455.

Arrieta, M.-C., et al., 2015. Early infancy microbial and metabolic alterations affect risk of childhood asthma. Sci. Transl. Med. 7 (307), 307ra152.

Ausubel, F., 2005. Are innate immune signaling pathways in plants and animals conserved? Nat. Immunol. 6 (105), 973–979.

Backert, S., et al., 2013. Transmigration route of Campylobacter jejuni across polarized intestinal epithelial cells: paracellular, transcellular or both? Cell Commun. Signal 11 (1), 72.

Bäckhed, F., et al., 2004. The gut microbiota as an environmental factor that regulates fat storage. Proc. Natl. Acad. Sci. U. S. A. 101 (44), 15718–15723. Available from: http://www.ncbi.nlm.nih.gov/pubmed/15505215.

Bäckhed, F., et al., 2012. Defining a healthy human gut microbiome: current concepts, future directions, and clinical applications. Cell Host Microbe 12 (5), 611–622. Available from: http://www.sciencedirect.com/science/article/pii/S1931312812003587.

Bajaj, J.S., et al., 2014. Altered profile of human gut microbiome is associated with cirrhosis and its complications. J. Hepatol. 60 (5), 940–947. Available from: http://www.ncbi.nlm.nih.gov/pubmed/24374295.

Baldridge, M.T., Turula, H., Wobus, C.E., 2016. Norovirus regulation by host and microbe. Trends Mol. Med. 22 (12), 1047–1059.

Balsari, A., et al., 1982. The fecal microbial population in the irritable bowel syndrome. Microbiologica 5 (3), 185–194. Available from: http://www.ncbi.nlm.nih.gov/pubmed/7121297.

Berer, K., et al., 2011. Commensal microbiota and myelin autoantigen cooperate to trigger autoimmune demyelination. Nature 479 (7374), 538–541. Available from: http://www.ncbi.nlm.nih.gov/pubmed/22031325.

Blanton, L.V., et al., 2016. Gut bacteria that prevent growth impairments transmitted by microbiota from malnourished children. Science 351 (6275), aad3311. Available from: http://www.ncbi.nlm.nih.gov/pubmed/26912898.

Bode, J.C., et al., 1984. Jejunal microflora in patients with chronic alcohol abuse. Hepato-Gastroenterology 31 (1), 30–34. Available from: http://www.ncbi.nlm.nih.gov/pubmed/6698486.

Bolton, D.J., 2015. Campylobacter virulence and survival factors. Food Microbiol. 48, 99–108.

Boursier, J., et al., 2016. The severity of nonalcoholic fatty liver disease is associated with gut dysbiosis and shift in the metabolic function of the gut microbiota. Hepatology 63 (3). Available from: http://www.ncbi.nlm.nih.gov/pubmed/26600078.

Brestoff, J.R., Artis, D., 2013. Commensal bacteria at the interface of host metabolism and the immune system. Nat. Immunol. 14 (7), 676–684.

Buffington, S.A., et al., 2016. Microbial reconstitution reverses maternal diet-induced social and synaptic deficits in offspring. Cell 165 (7), 1762–1775. Available From: http://www.ncbi.nlm.nih.gov/pubmed/27315483.

Caminero, A., et al., 2016. Duodenal bacteria from patients with Celiac disease and healthy subjects distinctly affect gluten breakdown and immunogenicity. Gastroenterology 151 (4), 670–683. Available from: http://linkinghub.elsevier.com/retrieve/pii/S0016508516347138.

Cani, P.D., et al., 2007. Metabolic endotoxemia initiates obesity and insulin resistance. Diabetes 56 (7). Available from: http://diabetes.diabetesjournals.org/content/56/7/1761.

Caricilli, A.M., Saad, M.J.A., 2013. The role of gut microbiota on insulin resistance. Nutrients 5 (3), 829–851. Available from: http://www.ncbi.nlm.nih.gov/pubmed/23482058.

Carter, G.P., et al., 2015. Defining the roles of TcdA and TcdB in localized gastrointestinal disease, systemic organ damage, and the host response during Clostridium difficile infections. MBio 6 (3), 1–10.

Cartwright, E.J., et al., 2013. Listeriosis outbreaks and associated food vehicles, United States, 1998-2008. Emerg. Infect. Dis. 19 (1), 1–9.

Chen, Y., et al., 2011. Characterization of fecal microbial communities in patients with liver cirrhosis. Hepatology 54 (2), 562–572. Available from: http://www.ncbi.nlm.nih.gov/pubmed/21574172.

Chen, J., et al., 2016. An expansion of rare lineage intestinal microbes characterizes rheumatoid arthritis. Genome Med. 8 (1), 43. Available from: http://genomemedicine.biomedcentral.com/articles/10.1186/s13073-016-0299-7.

Chung, H.K.L., et al., 2016. Genome analysis of Campylobacter concisus strains from patients with inflammatory bowel disease and gastroenteritis provides new insights into pathogenicity. Sci. Rep. 6, 38442.

Cohen, M.L., Tauxe, R.V., 1986. Drug-resistant salmonella in United States: perspective. Science 234, 964–969.

Corrêa-Oliveira, R., et al., 2016. Regulation of immune cell function by short-chain fatty acids. Clin. Transl. Immunol. 5 (4), e73. Available from: http://www.nature.com/doifinder/10.1038/cti.2016.17.

Dao, M.C., et al., 2016. Akkermansia muciniphila and improved metabolic health during a dietary intervention in obesity: relationship with gut microbiome richness and ecology. Gut 65 (3), 426–436. Available from: http://www.ncbi.nlm.nih.gov/pubmed/26100928.

Davies, J., Davies, D., 2010. Origins and evolution of antibiotic resistance. Microbiol. Mol. Biol. Rev. 74 (3), 417–433.

de Goffau, M.C., et al., 2013. Fecal microbiota composition differs between children with β-cell autoimmunity and those without. Diabetes 62 (4).

de Graaf, M., Villabruna, N., Koopmans, M.P., 2017. Capturing norovirus transmission. Curr. Opin. Virol. 22, 64–70.

Del Chierico, F., et al., 2014. Meta-omic platforms to assist in the understanding of NAFLD gut microbiota alterations: tools and applications. Int. J. Mol. Sci. 15 (1), 684–711. Available from: http://www.ncbi.nlm.nih.gov/pubmed/24402126.

Delzenne, N.M., Kok, N., 1998. Effect of non-digestible fermentable carbohydrates on hepatic fatty acid metabolism. Biochem. Soc. Trans. 26 (2), 228–230. Available from: http://www.ncbi.nlm.nih.gov/pubmed/9649752.

Distrutti, E., et al., 2016. Gut microbiota role in irritable bowel syndrome: new therapeutic strategies. World J. Gastroenterol. 22 (7), 2219–2241. Available from: http://www.ncbi.nlm.nih.gov/pubmed/26900286.

Etienne-Mesmin, L., et al., 2011. Interactions with M cells and macrophages as key steps in the pathogenesis of enterohemorragic Escherichia coli infections. PLoS One 6 (8).

Everard, A., et al., 2013. Cross-talk between Akkermansia muciniphila and intestinal epithelium controls diet-induced obesity. Proc. Natl. Acad. Sci. U. S. A. 110 (22), 9066–9071. Available from: http://www.ncbi.nlm.nih.gov/pubmed/23671105.

Fu, J., et al., 2015. The gut microbiome contributes to a substantial proportion of the variation in blood lipids. Circ. Res. 117, 817–824.

Furusawa, Y., et al., 2013. Commensal microbe-derived butyrate induces the differentiation of colonic regulatory T cells. Nature 504 (7480), 446–450.

Gil, F., et al., 2017. Molecular biology and genetics of anaerobes updates on Clostridium

difficile spore biology. Anaerobe, 1–7.
Giloteaux, L., et al., 2016. Reduced diversity and altered composition of the gut microbiome in individuals with myalgic encephalomyelitis/chronic fatigue syndrome. Microbiome 4 (1), 30. Available from: http://microbiomejournal.biomedcentral.com/articles/10.1186/s40168-016-0171-4.
Guo, X., et al., 2015. Innate lymphoid cells control early colonization resistance against intestinal pathogens through ID2-dependent regulation of the microbiota. Immunity 42 (4), 731–743. Available from: http://www.ncbi.nlm.nih.gov/pubmed/25902484.
Heintz-Buschart, A., et al., 2016. Integrated multi-omics of the human gut microbiome in a case study of familial type 1 diabetes. Nat. Microbiol. 2, 16180. Available from: http://www.nature.com/articles/nmicrobiol2016180.
Hooper, L.V., Macpherson, A.J., 2010. Immune adaptations that maintain homeostasis with the intestinal microbiota. Nat. Rev. Immunol. 10 (3), 159–169.
Hsiao, E.Y., et al., 2013. Microbiota modulate behavioral and physiological abnormalities associated with neurodevelopmental disorders. Cell 155 (7), 1451–1463. Available from: http://www.ncbi.nlm.nih.gov/pubmed/24315484.
Ianiro, G., Tilg, H., Gasbarrini, A., 2016. Antibiotics as deep modulators of gut microbiota: between good and evil. Gut 65 (11), 1906–1915. Available from: http://gut.bmj.com/lookup/doi/10.1136/gutjnl-2016-312297.
Jiang, H., et al., 2015. Altered fecal microbiota composition in patients with major depressive disorder. Brain Behav. Immun. 48, 186–194. Available from: http://www.sciencedirect.com/science/article/pii/S0889159115001105.
Jones, M.K., et al., 2014. Enteric bacteria promote human and mouse norovirus infection of B cells. Science 346 (6210), 755–759.
Kang, D.J., et al., 2016. Gut microbiota drive the development of neuroinflammatory response in cirrhosis in mice. Hepatology 64 (4), 1232–1248. Available from: http://doi.wiley.com/10.1002/hep.28696.
Karlsson, F.H., et al., 2012. Symptomatic atherosclerosis is associated with an altered gut metagenome. Nat. Commun. 3, 1245. Available from: http://www.nature.com/doifinder/10.1038/ncomms2266.
Kelly, C.R., et al., 2016. Effect of fecal microbiota transplantation on recurrence in multiply recurrent clostridium difficile infection. Ann. Intern. Med. 165 (9), 609. Available from: http://annals.org/article.aspx?doi=10.7326/M16-0271.
Khan, M.J., et al., 2016. Role of gut microbiota in the aetiology of obesity: proposed mechanisms and review of the literature. J. Obes. 2016, 7353642. Available from: http://www.ncbi.nlm.nih.gov/pubmed/27703805.
Kimura, I., et al., 2014. The SCFA receptor GPR43 and energy metabolism. Front. Endocrinol. 5, 3–5.
Kirk, M.D., et al., 2015. World Health Organization estimates of the global and regional disease burden of 22 foodborne bacterial, protozoal, and viral diseases, 2010: a data synthesis. PLOS Med. 12 (12), e1001940.
Knip, M., Siljander, H., 2016. The role of the intestinal microbiota in type 1 diabetes mellitus. Nat. Rev. Endocrinol. 12 (3), 154–167. Available from: http://www.ncbi.nlm.nih.gov/pubmed/26729037.
Koeth, R.A., et al., 2013. Intestinal microbiota metabolism of L-carnitine, a nutrient in red meat, promotes atherosclerosis. Nat. Med. 19 (5), 576–585. Available from: http://www.ncbi.nlm.nih.gov/pubmed/23563705.
Kostic, A.D., et al., 2015. The dynamics of the human infant gut microbiome in development and in progression toward type 1 diabetes. Cell Host Microbe 17 (2), 260–273. Available from: http://www.ncbi.nlm.nih.gov/pubmed/25662751.
Lamas, B., et al., 2016. CARD9 impacts colitis by altering gut microbiota metabolism of tryptophan into aryl hydrocarbon receptor ligands. Nat. Med. 22 (6), 598–605. Available from: http://www.nature.com/doifinder/10.1038/nm.4102.
Laureto, L.M.O., Cianciaruso, M.V., Samia, D.S.M., 2015. Functional diversity: an overview of its history and applicability. Nat. Conservação 13 (2), 112–116. Available from: http://www.sciencedirect.com/science/article/pii/S1679007315000390.

Le Chatelier, E., et al., 2013. Richness of human gut microbiome correlates with metabolic markers. Nature 500 (7464), 541–546. Available from: http://www.ncbi.nlm.nih.gov/pubmed/23985870.

Lessa, F.C., et al., 2015. Burden of Clostridium difficile infection in the United States. N. Engl. J. Med. 372 (9), 825–834.

Li, J., et al., 2017. Gut microbiota dysbiosis contributes to the development of hypertension. Microbiome 5 (1), 14. Available from: http://microbiomejournal.biomedcentral.com/articles/10.1186/s40168-016-0222-x.

Liu, T.-X., Niu, H.-T., Zhang, S.-Y., 2015. Intestinal microbiota metabolism and atherosclerosis. Chin. Med. J. 128 (20), 2805–2811. Available from: http://www.ncbi.nlm.nih.gov/pubmed/26481750.

Lloyd-Price, J., Abu-Ali, G., Huttenhower, C., 2016. The healthy human microbiome. Genome Med. 8 (1), 51. Available from: http://genomemedicine.biomedcentral.com/articles/10.1186/s13073-016-0307-y.

López, P., et al., 2016. Th17 responses and natural IgM antibodies are related to gut microbiota composition in systemic lupus erythematosus patients. Sci. Rep. 6, 24072. Available from: http://www.nature.com/articles/srep24072.

Luna, R.A., et al., 2017. Distinct microbiome-neuroimmune signatures correlate with functional abdominal pain in children with autism spectrum disorder. Cell. Mol. Gastroenterol. Hepatol. 3 (2), 218–230. Available from: http://linkinghub.elsevier.com/retrieve/pii/S2352345X16301369.

Malik-Kale, P., Winfree, S., Steele-Mortimer, O., 2012. The bimodal lifestyle of intracellular Salmonella in epithelial cells: replication in the cytosol obscures defects in vacuolar replication. PLoS One 7 (6), 1–10.

Mechanick, J.I., Hurley, D.L., Garvey, W.T., 2016. Adiposity-based chronic disease as a new diagnostic term: american association of clinical endocrinologists and the american college of endocrinology position statement. Endocr. Pract. EP161688.PS, Available from: http://journals.aace.com/doi/10.4158/EP161688.PS.

Miyake, S., et al., 2015. Dysbiosis in the gut microbiota of patients with multiple sclerosis, with a striking depletion of species belonging to clostridia XIVa and IV clusters. In: Wilson, B.A. (Ed.), PLoS One 10 (9), e0137429. Available from: http://dx.plos.org/10.1371/journal.pone.0137429.

Monaco, C.L., et al., 2016. Altered virome and bacterial microbiome in human immunodeficiency virus-associated acquired immunodeficiency syndrome. Cell Host Microbe 19 (3), 311–322. Available from: http://www.ncbi.nlm.nih.gov/pubmed/26962942.

Mouzaki, M., et al., 2013. Intestinal microbiota in patients with nonalcoholic fatty liver disease. Hepatology 58 (1), 120–127. Available from: http://doi.wiley.com/10.1002/hep.26319.

Mutlu, E.A., et al., 2012. Colonic microbiome is altered in alcoholism. Am. J. Physiol. Gastrointest. Liver Physiol. 302 (9), G966–G978. Available from: http://www.ncbi.nlm.nih.gov/pubmed/22241860.

Nieto, P.A., et al., 2015. New insights about excisable pathogenicity islands in Salmonella and their contribution to virulence. Microbes Infect. 18, 302–309.

Ochoa-Repáraz, J., et al., 2010. A polysaccharide from the human commensal Bacteroides fragilis protects against CNS demyelinating disease. Mucosal Immunol. 3 (5), 487–495.

O'Connor, A., O'Morain, C.A., Ford, A.C., 2017. Population screening and treatment of Helicobacter pylori infection. Nat. Rev. Gastroenterol. Hepatol. Available from: http://www.ncbi.nlm.nih.gov/pubmed/28053340.

O'Keefe, S.J.D., et al., 2015. Fat, fibre and cancer risk in African Americans and rural Africans. Nat. Commun. 6, 6342. Available from: http://www.nature.com/doifinder/10.1038/ncomms7342.

Olesen, S.W., Alm, E.J., 2016. Dysbiosis is not an answer. Nat. Microbiol. 1, 16228. Available from: http://www.nature.com/articles/nmicrobiol2016228.

Ott, S.J., et al., 2004. Reduction in diversity of the colonic mucosa associated bacterial microflora in patients with active inflammatory bowel disease. Gut 53 (5), 685–693. Available from: http://www.ncbi.nlm.nih.gov/pubmed/15082587.

Ottman, N., et al., 2017. Pili-like proteins of Akkermansia muciniphila modulate host immune responses and gut barrier function. In: Sanz, Y. (Ed.), PLoS One 12 (3), e0173004. Available from: http://dx.plos.org/10.1371/journal.pone.0173004.

Pammi, M., et al., 2017. Intestinal dysbiosis in preterm infants preceding necrotizing enterocolitis: a systematic review and meta-analysis. Microbiome 5 (1), 31. Available from: http://www.ncbi.nlm.nih.gov/pubmed/28274256.

Pascal, V., et al., 2017. A microbial signature for Crohn's disease. Gut gutjnl–2016-313235. Available from: http://www.ncbi.nlm.nih.gov/pubmed/28179361.

Petersen, C., et al., 2014. Defining dysbiosis and its influence on host immunity and disease. Cell. Microbiol. 16 (7), 1024–1033. Available from: http://doi.wiley.com/10.1111/cmi.12308.

Petrof, E.O., et al., 2013. Stool substitute transplant therapy for the eradication of Clostridium difficile infection: "RePOOPulating" the gut. Microbiome 1 (1), 3. Available from: http://microbiomejournal.biomedcentral.com/articles/10.1186/2049-2618-1-3.

Pizarro-cerda, J., Ku, A., 2012. Entry of Listeria monocytogenes in Mammalian. Cold Spring Harb. Perspect. Med., 1–18.

Plovier, H., et al., 2016. A purified membrane protein from Akkermansia muciniphila or the pasteurized bacterium improves metabolism in obese and diabetic mice. Nat. Med. 23 (1), 107–113. Available from: http://www.nature.com/doifinder/10.1038/nm.4236.

Prawitt, J., Caron, S., Staels, B., 2011. Bile acid metabolism and the pathogenesis of type 2 diabetes. Curr. Diab. Rep. 11 (3), 160–166. Available from: http://www.ncbi.nlm.nih.gov/pubmed/21431855.

Qin, J., et al., 2012. A metagenome-wide association study of gut microbiota in type 2 diabetes. Nature 490 (7418), 55–60. Available from: http://www.nature.com/doifinder/10.1038/nature11450.

Qin, N., et al., 2014. Alterations of the human gut microbiome in liver cirrhosis. Nature 513 (7516), 59–64. Available from: http://www.ncbi.nlm.nih.gov/pubmed/25079328.

Raman, M., et al., 2013. Fecal microbiome and volatile organic compound metabolome in obese humans with nonalcoholic fatty liver disease. Clin. Gastroenterol. Hepatol. 11 (7), 868–875.e3. Available from: http://www.ncbi.nlm.nih.gov/pubmed/23454028.

Ridaura, V.K., et al., 2013. Gut microbiota from twins discordant for obesity modulate metabolism in mice. Science 341 (6150).

Rivas, M.A., et al., 2011. Deep resequencing of GWAS loci identifies independent rare variants associated with inflammatory bowel disease. Nat. Genet. 43, 1066–1073.

Roager, H.M., et al., 2016. Colonic transit time is related to bacterial metabolism and mucosal turnover in the gut. Nat. Microbiol. 1 (9), 16093. Available from: http://www.nature.com/articles/nmicrobiol201693.

Rook, G.A.W., Brunet, L.R., 2005. Microbes, immunoregulation, and the gut. Gut 54 (3), 317–320. Available from: http://www.ncbi.nlm.nih.gov/pubmed/15710972.

Round, J.L., Mazmanian, S.K., 2010. Inducible Foxp3+ regulatory T-cell development by\ na commensal bacterium of the intestinal microbiota. Proc. Natl. Acad. Sci. U. S. A. 107 (27), 12204–12209.

Sabat, R., Ouyang, W., Wolk, K., 2014. Therapeutic opportunities of the IL-22-IL-22R1 system. Nat. Rev. Drug Discov. 13 (1), 21–38.

Sadiq, S.M., et al., 2014. EHEC genomics: past, present, and future. Microbiol. Spectr., 1–13.

Sampson, T.R., et al., 2016. Gut microbiota regulate motor deficits and neuroinflammation in a model of Parkinson's disease. Cell 167 (6), 1469–1480.e12. Available from: http://www.ncbi.nlm.nih.gov/pubmed/27912057.

Sartor, R.B., Wu, G.D., 2017. Roles for intestinal bacteria, viruses, and fungi in pathogenesis of inflammatory bowel diseases and therapeutic approaches. Gastroenterology 152 (2), 327–339.e4. Available from: http://linkinghub.elsevier.com/retrieve/pii/S0016508516352350.

Scallan, E., et al., 2011. Foodborne illness acquired in the United States—major pathogens. Emerg. Infect. Dis. 17 (1), 7–15. Available from: http://wwwnc.cdc.gov/eid/article/17/1/P1-1101_article.htm.

Scanlan, E., et al., 2017. Relaxation of DNA supercoiling leads to increased invasion of epithelial cells and protein secretion by Campylobacter jejuni. Mol. Microbiol. 104 (February), 92–104.

Scheperjans, F., et al., 2015. Gut microbiota are related to Parkinson's disease and clinical phenotype. Mov. Disord. 30 (3), 350–358. Available from: http://www.ncbi.nlm.nih.gov/pubmed/25476529.

Schwarzer, M., et al., 2016. Lactobacillus plantarum strain maintains growth of infant mice during chronic undernutrition. Science 351 (6275). Available from: http://science.sciencemag.org/content/351/6275/854.

Shawcross, D.L., et al., 2010. Ammonia and the neutrophil in the pathogenesis of hepatic encephalopathy in cirrhosis. Hepatology 51 (3), 1062–1069. Available from: http://www.ncbi.nlm.nih.gov/pubmed/19890967.

Smith, P., Howitt, M., Panikov, N., Michaud, M., Gallini, C., Bohlooly, Y.M., Glickman, J.G.W., 2013. The microbial metabolites, short-chain fatty acids, regulate colonic treg cell homeostasis. Science 341, 569–574.

Sokol, H., et al., 2016. Fungal microbiota dysbiosis in IBD. Gut gutjnl–2015-310746. Available from: http://www.ncbi.nlm.nih.gov/pubmed/26843508.

Sonnenberg, G.F., et al., 2012. Innate lymphoid cells promote anatomical containment of lymphoid-resident commensal bacteria. Science 336, 1321–1325.

Sonnenburg, E.D., Sonnenburg, J.L., 2014. Starving our microbial self: the deleterious consequences of a diet deficient in microbiota-accessible carbohydrates. Cell Metab. 20 (5), 779–786.

Strachan, D.P., 2000. Family size, infection and atopy: the first decade of the "hygiene hypothesis". Thorax 55 (Suppl. 1), S2–S10.

Subramanian, S., et al., 2014. Persistent gut microbiota immaturity in malnourished Bangladeshi children. Nature 510 (7505), 417–421. Available from: http://www.ncbi.nlm.nih.gov/pubmed/24896187.

Swiatczak, B., Cohen, I.R., 2015. Gut feelings of safety: tolerance to the microbiota mediated by innate immune receptors. Microbiol. Immunol. 59 (10), 573–585.

Szabo, G., 2015. Gut-liver axis in alcoholic liver disease. Gastroenterology 148 (1), 30–36. Available from: http://www.ncbi.nlm.nih.gov/pubmed/25447847.

Sze, M.A., Schloss, P.D., 2016. Looking for a signal in the noise: revisiting obesity and the microbiome. MBio 7 (4), e01018–16. Available from: http://www.ncbi.nlm.nih.gov/pubmed/27555308.

Tang, W.H.W., et al., 2013. Intestinal microbial metabolism of phosphatidylcholine and cardiovascular risk. N. Engl. J. Med. 368 (17), 1575–1584. Available from: http://www.ncbi.nlm.nih.gov/pubmed/23614584.

Tap, J., et al., 2017. Identification of an intestinal microbiota signature associated with severity of irritable bowel syndrome. Gastroenterology 152 (1), 111–123.e8. Available from: http://linkinghub.elsevier.com/retrieve/pii/S0016508516351745.

Thabane, M., Marshall, J.K., 2009. Post-infectious irritable bowel syndrome. World J. Gastroenterol. 15 (29), 3591–3596. Available from: http://www.ncbi.nlm.nih.gov/pubmed/19653335.

Thaiss, C.A., et al., 2016. The microbiome and innate immunity. Nature 535 (7610), 65–74.

Theriot, C.M., Bowman, A., Young, V.B., 2015. Antibiotic-induced alterations of the gut microbiota alter secondary bile acid production and allow for clostridium difficile spore germination and outgrowth in the large intestine. mSphere 1 (1), e00045–15.

Tilg, H., Cani, P.D., Mayer, E.A., 2016. Gut microbiome and liver diseases. Gut 65 (12), 2035–2044. Available from: http://gut.bmj.com/lookup/doi/10.1136/gutjnl-2016-312729.

Touati, E., 2010. When bacteria become mutagenic and carcinogenic: lessons from H. pylori. Mutat. Res. Genet. Toxicol. Environ. Mutagen. 703 (1), 66–70. Available from: http://www.ncbi.nlm.nih.gov/pubmed/20709622.

Tremlett, H., et al., 2017. The gut microbiome in human neurological disease: a review. Ann. Neurol. 81 (3), 369–382. Available from: http://www.ncbi.nlm.nih.gov/pubmed/28220542.

Turnbaugh, P.J., et al., 2006. An obesity-associated gut microbiome with increased capacity for energy harvest. Nature 444 (7122), 1027–1131. Available from: http://www.nature.com/doifinder/10.1038/nature05414.

Turnbaugh, P.J., et al., 2009. A core gut microbiome in obese and lean twins. Nature 457 (7228), 480–484. Available from: http://www.ncbi.nlm.nih.gov/pubmed/19043404.

van Nood, E., et al., 2013. Duodenal infusion of donor feces for recurrent *Clostridium difficile*. N. Engl. J. Med. 368 (5), 407–415. Available from: http://www.nejm.org/doi/abs/10.1056/NEJMoa1205037.

Verhoef, L., et al., 2015. Norovirus genotype profiles associated with foodborne transmission. Emerg. Infect. Dis. 21 (4), 592–599.

Vindigni, S.M., Surawicz, C.M., 2015. C. difficile infection: changing epidemiology and management paradigms. Clin. Transl. Gastroenterol. 6 (7), e99.

Wacklin, P., et al., 2014. Altered duodenal microbiota composition in celiac disease patients suffering from persistent symptoms on a long-term gluten-free diet. Am. J. Gastroenterol. 109 (12), 1933–1941. Available from: http://www.ncbi.nlm.nih.gov/pubmed/25403367.

Walker, A.W., et al., 2011. High-throughput clone library analysis of the mucosa-associated microbiota reveals dysbiosis and differences between inflamed and non-inflamed regions of the intestine in inflammatory bowel disease. BMC Microbiol. 11 (1), 7. Available from: http://bmcmicrobiol.biomedcentral.com/articles/10.1186/1471-2180-11-7.

Walters, W.A., Xu, Z., Knight, R., 2014. Meta-analyses of human gut microbes associated with obesity and IBD. FEBS Lett. 588 (22), 4223–4233. Available from: http://doi.wiley.com/10.1016/j.febslet.2014.09.039.

Wang, Z., et al., 2014. Prognostic value of choline and betaine depends on intestinal microbiota-generated metabolite trimethylamine-N-oxide. Eur. Heart J. 35 (14), 904–910. Available from: http://www.ncbi.nlm.nih.gov/pubmed/24497336.

WHO, 2017. WHO | The top 10 causes of death. WHO. Available from: http://www.who.int/mediacentre/factsheets/fs310/en/.

Williams, B., Landay, A., Presti, R.M., 2016. Microbiome alterations in HIV infection a review. Cell. Microbiol. 18 (5), 645–651. Available from: http://doi.wiley.com/10.1111/cmi.12588.

Wright, E.K., et al., 2015. Recent advances in characterizing the gastrointestinal microbiome in Crohn's disease: a systematic review. Inflamm. Bowel Dis. 21 (6), 1219–1228. Available from: http://www.ncbi.nlm.nih.gov/pubmed/25844959.

Wu, H., Tremaroli, V., Bäckhed, F., 2015. Linking microbiota to human diseases: a systems biology perspective. Trends Endocrinol. Metab. 26 (12), 758–770. Available from: http://linkinghub.elsevier.com/retrieve/pii/S1043276015001940.

Zackular, J.P., et al., 2013. The gut microbiome modulates colon tumorigenesis. MBio 4 (6), e00692–13. Available from: http://www.ncbi.nlm.nih.gov/pubmed/24194538.

Zhang, J., et al., 2016. Evolution and diversity of Listeria monocytogenes from clinical and food samples in Shanghai, China. Front. Microbiol. 7, 1–9.

Zhuang, X., et al., 2017. Alterations of gut microbiota in patients with irritable bowel syndrome: a systematic review and meta-analysis. J. Gastroenterol. Hepatol. 32 (1), 28–38. Available from: http://doi.wiley.com/10.1111/jgh.13471.

Zupancic, M.L., et al., 2012. Analysis of the gut microbiota in the old order Amish and its relation to the metabolic syndrome. In: Thameem, F. (Ed.), PLoS One 7 (8), e43052. Available from: http://dx.plos.org/10.1371/journal.pone.0043052.

第 5 章
遗传和环境对肠道菌群的影响

> **目的**
> - 了解已知的不同个体之间肠道菌群组成差异的影响因素。
> - 了解关于肠道菌群遗传性的相关发现。
> - 了解环境因素(包括药物、地理、生活环境、感染、健身、应激和睡眠)对肠道菌群组成和功能的影响程度。

人类肠道微生物组的特点是不同个体之间存在显著差异(Eckburg 等,2005),遗传和环境因素都导致了这些个体差异。图 5.1 展示了本章描述的已知能影响人类肠道微生物组的关键因素。一项在荷兰人群中进行的大规模队列研究发现,肠道微生物的组成特征与内源性因素(如粪便稠度和粪便嗜铬粒蛋白 A,后者是重要的疾病标记物)和外源性因素(主要是饮食和药物)都有关(Zernakova 等,2016)。在本研究中,126 个测量因素解释了个体之间肠道菌群组成差异原因的18.7%。比利时和荷兰的一项类似的群体分析发现,在所有测量的环境因素中,药物因素解释了大部分肠道微生物组成差异的原因;随后是饮食因素和其他生活方式(Falony 等,2016)。虽然研究人员目前还不清楚在单个时间点上,形成个体独特肠道微生物组的所有因素,但他们已经开始发现一些重要的遗传和环境因素。

遗传因素

对双胞胎的研究揭示了肠道微生物群落中一些可遗传菌群的名称。通过 Ruth Ley 进行的研究发现,在对"TwinsUK"队列研究中 416 对双胞胎的粪便样本进行分析时,遗传因素对克里斯滕森菌科细菌丰度的影响尤为显著;这些细菌与其他可遗传的细菌及产甲烷的古细菌共同存在。此外,克里斯滕森菌科及其共生

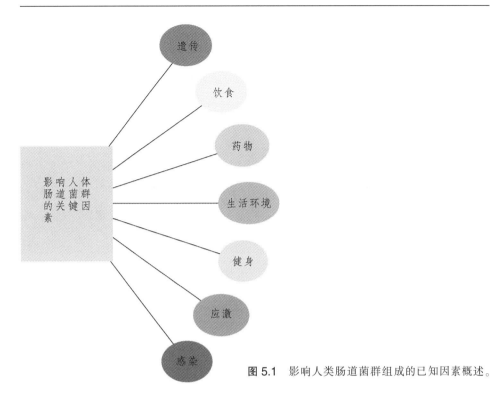

图 5.1　影响人类肠道菌群组成的已知因素概述。

微生物群与低体重指数有关。当把人类肥胖相关的微生物群和克里斯滕森菌科细菌转移给无菌小鼠时,它们共同改变了小鼠的肠道微生物群,减缓了小鼠体重增长的速度,从而证实:受人类基因影响的肠道细菌可能影响宿主的新陈代谢和体重(Goodrich 等,2014)。

2016 年的随访工作纳入了 2 倍多的双胞胎($n=1126$),与预期一致,随着时间的推移,可遗传细菌保持稳定。研究人员还发现了肠道中的其他可遗传细菌,并发现这些可遗传细菌与宿主基因之间的关联,这些基因与饮食、代谢、嗅觉、免疫屏障防御以及自我识别/非自我识别有关(Goodrich 等,2016)。

其他研究人员发现了一个与疾病有关的具体例子,在岩藻糖基转移酶 2 非分泌型有遗传异常的小鼠和人体中,其结肠菌群的组成和功能均发生了改变;他们推测,这种人类基因–微生物群之间的关联,可以解释该种类的基因型与克罗恩病易感性增加的关系(Tong 等,2014)。

从进化的角度来看,基因和肠道细菌之间的关联似乎并非偶然。Moeller 及其同事对细菌谱系的进化起源进行了比较,发现人类肠道中主要菌群的多个谱系,是通过人类与黑猩猩、倭黑猩猩和大猩猩的共同物种进化而产生的;这样的现象持续了大约 1500 万年(Moeller 等,2016)。研究人员说,在原始人类进化过程中,细胞核、线粒体和肠道细菌的基因组似乎同时出现了多样化,这可能有助于古人类的免疫系统形成和发展。

环境因素

研究结果揭示了影响肠道菌群组成的几个主要环境因素,即可改变因素。根据上述欧洲大型队列研究(Falony 等,2016;Zhernakova 等,2016)及其并行的机制研究,药物和饮食是两个主要的环境因素。其中饮食因素将在第 6 章详细讨论。影响人体肠道菌群组成的主要药物及其他影响因素,见下文讨论。

药物

药物对肠道菌群的组成有显著影响。在两项目前最大的队列研究中,药物解释了不同人体之间肠道菌群组成的最大总差异,在肠道菌群组成差异中占比 10.04%(Falony 等,2016)。Falony 等发现了 13 种显著影响肠道菌群组成的药物,包括各种抗生素、渗透性泻药、炎性肠病(IBD)的治疗药物、雌激素、苯二氮䓬类、抗抑郁药和抗组胺药;一项类似研究还发现了影响肠道菌群的其他药物,如质子泵抑制剂(PPI)、二甲双胍和他汀类药物(Zhernakova 等,2016)。表 5.1 总结了药物与肠道菌群的关联。值得注意的是,这些只是相关性研究,尚无这些药物与肠道菌群关联的内在机制研究。

肠道菌群和外源物质(包括药物)之间发生了复杂的相互作用;肠道菌群与药物之间相互作用的各种机制见图 5.2(Spanogiannopoulos 等,2016)。重要的是,特定药物的使用似乎改变了肠道菌群与其他因素之间的联系(Falony 等,2016)。这表明,决定肠道菌群组成的各因素是相互依赖的,同时在将来的肠道菌群临床研究中有必要控制药物的使用。

抗生素

在所有药物中,对抗生素在肠道菌群中的作用研究得最为深入。在大多数情况下,抗生素似乎会对健康成人的肠道菌群组成产生暂时性的影响。例如,一项对 12 名健康志愿者的研究发现,使用抗生素后,特定肠道细菌类群会增加或减少,而不同的抗生素(本例中是利奈唑胺和阿莫西林/克拉维酸)会影响不同的细菌。35 天后肠道菌群的组成恢复正常(Lode 等,2001)。

表5.1　各种药物与人体肠道菌群改变的关系

药物类型	肠道微生物群组成变化	丰度
抗抑郁药	有影响	↑
抗组胺药	有影响	
苯二氮䓬类	有影响	
β-内酰胺抗生素	有影响	↓
雌激素	有影响	
免疫抑制剂	有影响	
美沙拉秦（IBD治疗）		↓
二甲双胍	有影响	
渗透性泻药	有影响	
质子泵抑制剂	有影响	
他汀类药物	有影响	

Base on Falony, G., et al., 2016. Population-level analysis of gut microbiome variation. Science 352 (6285); Zhernakova, A., Kurilshikov, A., Bonder, M., Tigchelaar, E., Schirmer, M., et al., 2016. Population-based metagenomics analysis reveals markers for gut microbiome composition and diversity. Science 352 (6285), 565–569.

然而，证据表明，肠道菌群对抗生素造成的干扰并不总是具有完全的抵抗力。一项详细的分析显示，使用环丙沙星影响了健康人粪便样本中大约1/3的细菌类群，尽管存在个体差异，但研究人员普遍发现，随着抗生素治疗，肠道菌群的丰度、多样性和均匀度都有所下降。在治疗的4周后，菌群组成基本恢复，但有几个类群甚至在6个月内都没有恢复（Dethlefsen等，2008）。在另一项研究中，接受口服阿莫西林治疗的6名志愿者，在治疗后24小时，主要细菌种类开始发生明显变化；在治疗后的30天内，他们的粪便菌群恢复到平均基线相似度的88%，但在一名志愿者中，这种变化至少持续了2个月（De La Cochetière等，2005）。对接受7天克林霉素治疗的8名志愿者的进一步研究发现，在持续2年的研究中，他们的粪便微生物群发生了显著变化；特别是拟杆菌属从未恢复到原始水平（Jernberg等，2007）。目前尚不清楚哪些基线因素可能促进肠道菌群的恢复能力。

医学专家早就意识到，抗生素会增加人类对艰难梭菌的易感性。进行小鼠模型研究的人员已经开始注意到，短期使用抗生素导致的肠道菌群改变，可能与健康状况的长期变化有关。例如，通过一项小鼠研究发现，甲硝唑和作用更明显的万古霉素，会导致小鼠对病原体定植抗性的丧失；使用万古霉素，小鼠表现出对艰难

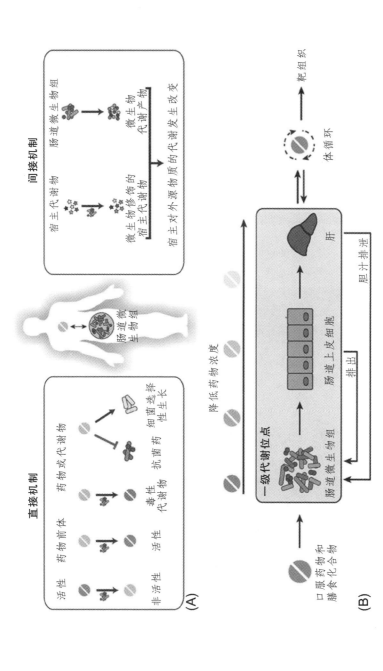

图 5.2 肠道菌群参与外源物质代谢。(A) 直接机制：肠道菌群可将外源物质代谢为活性、非活性或毒性代谢物，而外源物质可通过改变抗菌活性或选择性生长塑造肠道菌群组成。(B) 间接机制：肠道菌群可以通过调节宿主的代谢和转运通路影响外源物质，也可能通过微生物代谢或修饰宿主代谢物影响外源物质。肠道菌群参与口服药物的一级代谢，在药物到达体循环之前通过肠道和肝脏的代谢降低浓度。肠道菌群可能在这几个阶段对药物进行代谢：吸收前，肠上皮排出后或肝脏胆汁排出后。(Reproduced with permission from Spanogiannopoulos, P., Bess, E.N., Carmody, R.N., Turnbaugh, P.J., 2016. The microbial pharmacists within us: a metagenomic view of xenobiotic metabolism. Nat. Rev. Microbiol. 14, 273–287.Macmillan Publishers Ltd: Nature Reviews Microbiology. Copyright 2016.)

梭菌的长期易感性，以及易被耐万古霉素的肠球菌、肺炎克雷伯菌和大肠杆菌定植(Lewis 等，2015)。人类使用抗生素造成的长期影响仍然有待确定，但科学家 Martin Blaser 认为，使用抗生素导致的任何健康后果，都可能归因于抗生素对健康人正常菌群造成的"附带损害"(Blaser，2016)。

在生命早期，抗生素对肠道菌群的影响会产生持久的健康后果，因此情况会更严重。许多研究发现，生命早期使用抗生素与后期的免疫介导疾病之间存在关联：例如，在一项美国儿童的大型研究中，在出生后 6 个月以内接触抗生素，与 6 岁时发生哮喘的风险增加有关(Risnes 等，2011)。越来越多的观点认为，抗生素和健康之间的某些联系，是通过肠道菌群的机制关联在一起的。

芬兰的一项研究表明，早期使用抗生素会导致肠道菌群发生变化，并与随后的免疫和代谢性疾病相关：Korpela 及其同事证明，在 2~7 岁的儿童中使用大环内酯类抗生素（一组对革兰阳性菌十分有效的抗生素，如葡萄球菌和链球菌），与肠道菌群组成和功能的持续变化有关，表现为：接触抗生素的儿童放线菌减少，拟杆菌和变形杆菌增加，胆盐水解酶减少，大环内酯类耐药基因增加。然而，青霉素对肠道菌群的影响似乎弱于大环内酯类。在 2 岁之前接受了 2 个疗程以上大环内酯类药物的儿童，其抗生素的使用与体重指数以及哮喘风险增加密切相关(Korpela 等，2016)。

来自啮齿动物的研究结果进一步支持了这些生命早期的关联。2012 年的一项小鼠研究表明，亚治疗性抗生素（即给药剂量低于达到治疗效果所需的正常剂量）改变了肠道菌群的组成，并转向产生结肠短链脂肪酸(SCFA)，并且使编码 SCFA 产物的微生物基因增加，此外，这些抗生素导致了代谢相关激素的增多和易患肥胖症(Cho 等，2012)。研究人员在 2014 年发现，在小鼠早期生命中使用低剂量青霉素，虽然只引起了短期肠道菌群紊乱，但会导致小鼠长期的体脂增加。该小组通过将菌群转移至无菌小鼠体内，观察到这些菌群能够转移肥胖表型，从而阐明了使用抗生素和菌群改变在代谢变化中的因果关系(Cox 等，2014)。虽然这些结果尚未在人类身上得到证实，但这项研究表明，生命早期可能是建立宿主-微生物代谢相互作用的关键时期。

二甲双胍

二甲双胍是治疗 2 型糖尿病的常用药物，多项研究认为其对人体的肠道菌群具有明显的影响。在一项具有里程碑意义的研究中，研究人员对 784 名 2 型糖尿病患者进行了检测，将服用该药物的肠道菌群特征与 2 型糖尿病本身的菌群特征区分开来(Forslund 等,2015)。微生物群似乎通过 SCFA 产物介导二甲双胍的治疗效果,研究人员的功能分析显示,用二甲双胍治疗的个体,其肠道菌群产生 SCFA 丁酸和丙酸的能力增强。2 型糖尿病相关微生物群中产丁酸盐的类群缺乏,而二甲双胍在一定程度上能改善这种缺乏。

一项大规模队列关联研究发现,服用二甲双胍使大肠杆菌丰度增加,微生物群功能发生变化(Zhernakova 等,2016)。在机制方面,高脂饮食诱导肥胖的小鼠中,与未使用二甲双胍的小鼠相比,使用二甲双胍治疗的小鼠的血糖水平、体重和总胆固醇水平均有改善。经二甲双胍治疗后,嗜黏蛋白阿克曼菌(在代谢性疾病中具有治疗潜力的细菌;见第 4 章)和耳蜗形梭菌增加,18 条《京都基因与基因组百科全书》(KEGG)代谢途径上调,其中包括鞘脂类和脂肪酸代谢途径(Lee 和 Ko,2014)。

质子泵抑制剂

PPI(例如奥美拉唑)可通过抑制胃酸产生来治疗胃肠道疾病,如消化性溃疡和胃食管反流病。在一项对 1827 对健康双胞胎粪便样本的研究中发现,使用 PPI 的双胞胎肠道共生菌丰度较低,菌群多样性较低,同时口腔和上消化道共生菌丰度增加。链球菌在下消化道显著增加。这些作用是由于 PPI 消除了上消化道和下消化道之间的低 pH 屏障,导致正常情况下被胃酸性环境杀死的共生菌转移至下消化道(Jackson 等,2016)。同时,在一项大型队列研究中,PPI 使用者($n=95$)出现 33 种细菌代谢途径的变化,其中最显著的是 2,3-丁二醇生物合成途径,此途径影响发酵过程中的产酸量(Zhernakova 等,2016)。科学家们还不确定这些肠道菌群是否与 PPI 使用者的感染风险增加有关。

地理因素

不同实验室对样品不同的处理方法会对实验结果造成一定的影响,但是来自不同国家的人可能在肠道菌群组成上存在自身系统差异。目前已经发现,微生物特征具有国家特异性(Li 等,2014)。例如,一项中国的研究表明,健康年轻人的粪便菌群具有种族和(或)地域聚集性,而与生活方式无关(Zhang 等,2015)。但根据现有的证据,由于不同种群中存在完全不同的饮食(De Filippo 等,2010),其他混杂变量(包括遗传因素)也会造成影响,所以须严谨地解释观察到的地理差异。

在某些疾病中,如肠易激综合征(Zhuang 等,2017),与疾病相关的肠道微生物特征可能取决于研究个体的地理位置。未来有必要进行更多的研究,并且在确定疾病的肠道菌群生物标记时应该谨慎,防止因地理位置而造成差异。

生活环境

影响肠道菌群组成的生活环境因素包括农场、兄弟姐妹以及宠物狗。

一项对奥地利、德国和瑞士农村儿童的横向调查发现,1 岁前接触马厩或食用农场牛奶能预防哮喘、干草热和特应性过敏。5 岁前一直接触马厩的儿童罹患这些疾病的概率最低。虽然没有对这些儿童的肠道菌群进行分析,但研究人员认为,"接触微生物化合物"是参与该机制的可能因素(Riedler 等,2001)。

在《新英格兰医学杂志》(*New England Journal of Medicine*)(Stein 等,2016)发表的一项研究中,研究人员试图揭示为什么美国阿米什人农业人口的哮喘和过敏的概率明显低于哈特人,尽管两个人群的生活方式和遗传血统相似。来自阿米什人和哈特人家庭的灰尘样品的微生物组成有显著差异(阿米什人家庭灰尘的细菌内毒素水平显著增高),相应的是,两个社区的儿童在某些天然免疫细胞的比例、表型和功能方面有很大差异:阿米什儿童的中性粒细胞水平增加,嗜酸性粒细胞水平下降,显示出更强健的先天免疫系统。此外,在过敏性哮喘的小鼠模型中,来自阿米什人家庭的灰尘提取物会影响其免疫反应,并对气道高反应有保护作用。研究人员指出,阿米什人遵循传统的耕作方法,而哈特人则使用工业化的耕作方法;阿米什人环境中的一些相关因素可能通过肠道菌群影响先天免疫反应,从而预防哮喘发生。

家庭或家庭成员似乎也能影响肠道菌群。当研究人员研究同一家庭的 8 个健康个体(父母和 2 个月至 10 岁的 6 个孩子)的肠道菌群时,尽管每个人的肠道菌群略有不同,其成员仍然可以与来自同一地区的其他正常个体区分开来。与父母相比,儿童之间的肠道菌群组成具有更大的相似性,凸显了兄弟姐妹之间的独特相似性。奇怪的是,尽管他们是在家上学,只与母亲享有几乎相同的饮食和环境,但是这些儿童的菌群与母亲和父亲一样的相似(Schloss 等,2014)。有论文报告指出,有长兄长姐的儿童与几个细菌类群的相对丰度增加有关(9 个月时为嗜血杆菌和粪杆菌属,18 个月时为肠道巴恩斯菌、臭味菌、细辛杆菌和戈登杆菌)(Laursen 等,2015)。而另一项对新生儿(4 个月;$n=24$)的研究则有不同发现,有长兄长姐的新生儿的微生物丰富度和多样性呈下降趋势(Azad 等,2013)。虽然几种过敏性疾病的发生与兄弟姐妹的数量呈负相关(Strachan 等,1997),但现在还不清楚肠道菌群是否参与了这种关联。

幼儿时期接触狗能预防过敏性疾病。一项小鼠研究揭示了与狗相关的房屋灰尘与健康之间的联系机制：暴露于与狗相关房屋灰尘的小鼠其气道 T 细胞总数减少，Th2 相关的气道反应和黏液分泌下调。这些小鼠具有不同的盲肠菌群组成，富含约氏乳杆菌和其他物种。当研究人员给其他小鼠补充约氏乳杆菌后，这些小鼠在气道过敏原试验中能够受到保护。这项研究表明，将约氏乳杆菌纳入吸入性细菌暴露，可能对影响远端黏膜表面的适应性免疫具有重要作用，并由此防止呼吸道损伤（Fujimura 等，2014）。

感染

感染也可能扰乱肠道菌群，并对免疫功能造成长期影响。Yasmine Belkaid 实验室的研究表明，病原体可通过微生物菌群与慢性疾病之间发生关联：在清除小鼠假结核耶尔森菌感染后，研究人员发现，肠系膜脂肪组织依然发生持续性的炎症和淋巴渗漏，这导致了黏膜免疫功能持续受损。重要的是，微生物群是维持这种炎症反应所必需的（Fonseca 等，2015）。因此，一次急性感染会启动肠道菌群引发的"免疫瘢痕"。目前这项研究对人类的适用性仍有待观察。

健身

最近一项研究表明，健康人较高的心肺适应能力（通过最大吸氧量来测量）与微生物多样性和粪便丁酸盐的增加有关；研究人员还发现，健身人群中存在一组核心功能，而不是一组核心菌群（Estaki 等，2016）。另一项研究表明，职业运动员（橄榄球运动员）具有独特的饮食模式和高水平的体育活动，与对照组相比，其肠道菌群具有更高的多样性（Clarke 等，2014）。这些研究结果认为，身体素质对肠道菌群能产生有利影响，虽然已知锻炼有益于身体和大脑功能，但微生物与这种益处尚无明确的关联。

应激

无论是急性还是慢性心理应激，都被认为是可能改变肠道菌群的因素。虽然"自上而下"对肠道菌群组成和功能的影响在人类中是相对未知的，但动物模型提供了一些有价值的见解。有假说认为，正常情况下，大脑有助于维持为细菌提供栖息地的肠道黏液层和生物膜，心理应激或其他大脑因素可能改变该栖息地，从而改变微生物组成或细菌总生物量(Carabotti 等,2015)。例如,对猪的初步研究发现,大量的去甲肾上腺素增加了致病性大肠杆菌对肠黏膜的黏附(Chen 等,2006)。更普遍地说,可能是在大脑的指导下,神经元、免疫细胞和肠嗜铬细胞分泌的分子改变了肠道菌群(Carabotti 等,2015)。

睡眠

初步的研究工作表明,睡眠不足可能影响人类肠道菌群。一项对正常体重年轻人的研究揭示了睡眠对菌群相对微妙的影响:部分睡眠不足影响了厚壁菌门与拟杆菌门的比值,短时间睡眠与红蜻杆菌科和韦荣球菌科丰度增高以及软壁菌门丰度降低有关,这些菌群特征可能与代谢性疾病相关(Benedict 等,2016)。但另一项研究表明,限制睡眠对大鼠或人类肠道菌群组成并没有影响(Zhang 等,2017)。尚需要更多的研究以阐明睡眠和肠道菌群组成之间的联系,以及肠道菌群是否在伴随睡眠不足的新陈代谢改变中发挥作用。

(刘朝谕 唐桢桢 译)

参考文献

Azad, M.B., et al., 2013. Infant gut microbiota and the hygiene hypothesis of allergic disease: impact of household pets and siblings on microbiota composition and diversity. Allergy Asthma Clin. Immunol. 9 (1), 15. Available from: http://www.ncbi.nlm.nih.gov/pubmed/23607879.

Benedict, C., et al., 2016. Gut microbiota and glucometabolic alterations in response to recurrent partial sleep deprivation in normal-weight young individuals. Mol. Metab. 5 (12), 1175–1186. Available from: http://linkinghub.elsevier.com/retrieve/pii/S2212877816301934.

Blaser, M.J., 2016. Antibiotic use and its consequences for the normal microbiome. Science 352 (6285), 544–545. Available from: http://www.sciencemag.org/cgi/doi/10.1126/science.aad9358.

Carabotti, M., et al., 2015. The gut-brain axis: interactions between enteric microbiota, central and enteric nervous systems. Ann. Gastroenterol. 28 (2), 203–209. Available from: http://www.ncbi.nlm.nih.gov/pubmed/25830558.

Chen, C., et al., 2006. Mucosally-directed adrenergic nerves and sympathomimetic drugs enhance non-intimate adherence of Escherichia coli O157:H7 to porcine cecum and colon. Eur. J. Pharmacol. 539 (1–2), 116–124. Available from: http://www.ncbi.nlm.nih.gov/pubmed/16687138.

Cho, I., et al., 2012. Antibiotics in early life alter the murine colonic microbiome and adiposity. Nature 488 (7413), 621–626. Available from: http://www.nature.com/doifinder/10.1038/nature11400.

Clarke, S.F., et al., 2014. Exercise and associated dietary extremes impact on gut microbial diversity. Gut 63 (12), 1913–1920. Available from: http://gut.bmj.com/lookup/doi/10.1136/gutjnl-2013-306541.

Cox, L.M., et al., 2014. Altering the intestinal microbiota during a critical developmental window has lasting metabolic consequences. Cell 158 (4), 705–721. Available from: http://www.ncbi.nlm.nih.gov/pubmed/25126780.

De Filippo, C., et al., 2010. Impact of diet in shaping gut microbiota revealed by a comparative study in children from Europe and rural Africa. Proc. Natl. Acad. Sci. U. S. A. 107 (33), 14691–14696.

De La Cochetière, M.F., et al., 2005. Resilience of the dominant human fecal microbiota upon short-course antibiotic challenge. J. Clin. Microbiol. 43 (11), 5588–5592. Available from: http://www.ncbi.nlm.nih.gov/pubmed/16272491.

Dethlefsen, L., et al., 2008. The pervasive effects of an antibiotic on the human gut microbiota, as revealed by deep 16S rRNA sequencing. In: Eisen, J.A. (Ed.), PLoS Biol. 6 (11), e280. Available from: http://dx.plos.org/10.1371/journal.pbio.0060280.

Eckburg, P.B., et al., 2005. Diversity of the human intestinal microbial flora. Science 308 (5728), 1635–1638. Available from: http://www.ncbi.nlm.nih.gov/pubmed/15831718.

Estaki, M., et al., 2016. Cardiorespiratory fitness as a predictor of intestinal microbial diversity and distinct metagenomic functions. Microbiome 4 (1), 42. Available from: http://microbiomejournal.biomedcentral.com/articles/10.1186/s40168-016-0189-7.

Falony, G., et al., 2016. Population-level analysis of gut microbiome variation. Science 352 (6285), 560–564.

Fonseca, D.M., et al., 2015. Microbiota-dependent sequelae of acute infection compromise tissue-specific immunity. Cell 163 (2), 354–366. Available from: http://www.ncbi.nlm.nih.gov/pubmed/26451485.

Forslund, K., et al., 2015. Disentangling type 2 diabetes and metformin treatment signatures in the human gut microbiota. Nature 528 (7581), 262–266. Available from: http://www.nature.com/doifinder/10.1038/nature15766.

Fujimura, K.E., et al., 2014. House dust exposure mediates gut microbiome Lactobacillus enrichment and airway immune defense against allergens and virus infection. Proc. Natl. Acad. Sci. U. S. A. 111 (2), 805–810. Available from: http://www.ncbi.nlm.nih.gov/pubmed/24344318.

Goodrich, J.K., et al., 2014. Human genetics shape the gut microbiome. Cell 159 (4), 789–799. Available from: http://www.ncbi.nlm.nih.gov/pubmed/25417156.

Goodrich, J.K., et al., 2016. Genetic determinants of the gut microbiome in UK twins. Cell Host Microbe 19 (5), 731–743. Available from: http://www.ncbi.nlm.nih.gov/pubmed/27173935.

Jackson, M.A., et al., 2016. Proton pump inhibitors alter the composition of the gut microbiota. Gut 65 (5), 749–756. Available from: http://www.ncbi.nlm.nih.gov/pubmed/26719299.

Jernberg, C., et al., 2007. Long-term ecological impacts of antibiotic administration on the human intestinal microbiota. ISME J. 1 (1), 56–66. Available from: http://www.nature.com/doifinder/10.1038/ismej.2007.3.

Korpela, K., et al., 2016. Intestinal microbiome is related to lifetime antibiotic use in Finnish pre-school children. Nat. Commun. 7, 10410. Available from: http://www.ncbi.nlm.nih.gov/pubmed/26811868.

Laursen, M.F., et al., 2015. Having older siblings is associated with gut microbiota development during early childhood. BMC Microbiol. 15, 154. Available from: http://www.ncbi.nlm.nih.gov/pubmed/26231752.

Lee, H., Ko, G., 2014. Effect of metformin on metabolic improvement and gut microbiota. Appl. Environ. Microbiol. 80 (19), 5935–5943. Available from: http://www.ncbi.nlm.nih.gov/pubmed/25038099.

Lewis, B.B., et al., 2015. Loss of microbiota-mediated colonization resistance to clostridium difficile infection with oral vancomycin compared with metronidazole. J. Infect. Dis. 212 (10), 1656–1665. Available from: http://www.ncbi.nlm.nih.gov/pubmed/25920320.

Li, J., et al., 2014. An integrated catalog of reference genes in the human gut microbiome. Nat. Biotechnol. 32 (8), 834–841. Available from: http://www.ncbi.nlm.nih.gov/pubmed/24997786.

Lode, H., et al., 2001. Ecological effects of linezolid versus amoxicillin/clavulanic acid on the normal intestinal microflora. Scand. J. Infect. Dis. 33 (12), 899–903. Available from: http://www.ncbi.nlm.nih.gov/pubmed/11868762.

Moeller, A.H., et al., 2016. Cospeciation of gut microbiota with hominids. Science 353 (6297).

Riedler, J., et al., 2001. Exposure to farming in early life and development of asthma and allergy: a cross-sectional survey. Lancet 358 (9288), 1129–1133. Available from: http://www.ncbi.nlm.nih.gov/pubmed/11597666.

Risnes, K.R., et al., 2011. Antibiotic exposure by 6 months and asthma and allergy at 6 years: findings in a cohort of 1,401 US children. Am. J. Epidemiol. 173 (3), 310–318. Available from: https://academic.oup.com/aje/article-lookup/doi/10.1093/aje/kwq400.

Schloss, P.D., et al., 2014. The dynamics of a family's gut microbiota reveal variations on a theme. Microbiome 2 (1), 25. Available from: http://www.microbiomejournal.com/content/2/1/25.

Spanogiannopoulos, P., et al., 2016. The microbial pharmacists within us: a metagenomic view of xenobiotic metabolism. Nat. Rev. Microbiol. 14 (5), 273–287. Available from: http://www.nature.com/doifinder/10.1038/nrmicro.2016.17.

Stein, M.M., et al., 2016. Innate immunity and asthma risk in amish and hutterite farm children. N. Engl. J. Med. 375 (5), 411–421. Available from: http://www.nejm.org/doi/10.1056/NEJMoa1508749.

Strachan, D., et al., 1997. Childhood antecedents of allergic sensitization in young British adults. J. Allergy Clin. Immunol. 99 (1), 6–12. Available from: http://linkinghub.elsevier.com/retrieve/pii/S009167499781038X.

Tong, M., et al., 2014. Reprogramming of gut microbiome energy metabolism by the FUT2 Crohn's disease risk polymorphism. ISME J. 8 (11), 2193–2206. Available from: http://www.ncbi.nlm.nih.gov/pubmed/24781901.

Zhang, J., et al., 2015. A phylo-functional core of gut microbiota in healthy young Chinese cohorts across lifestyles, geography and ethnicities. ISME J. 9 (9), 1979–1990. Available from: http://www.ncbi.nlm.nih.gov/pubmed/25647347.

Zhang, S.L., et al., 2017. Human and rat gut microbiome composition is maintained following sleep restriction. Proc. Natl. Acad. Sci. U. S. A. 114 (8), E1564–E1571. Available from: http://www.ncbi.nlm.nih.gov/pubmed/28179566.

Zhernakova, A., Kurilshikov, A., Bonder, M., Tigchelaar, E., Schirmer, M., et al., 2016. Population-based metagenomics analysis reveals markers for gut microbiome composition and diversity. Science 352 (6285), 565–569.

Zhuang, X., et al., 2017. Alterations of gut microbiota in patients with irritable bowel syndrome: A systematic review and meta-analysis. J. Gastroenterol. Hepatol. 32 (1), 28–38. Available from: http://doi.wiley.com/10.1111/jgh.13471.

第6章
营养对肠道菌群的影响

目的
- 了解饮食对健康人体肠道菌群的影响。
- 了解常规营养素(糖类、蛋白质和脂肪)、饮食模式、食物成分和食品添加剂对肠道菌群组成及代谢的影响。
- 熟悉可能由肠道菌群驱动的个体对饮食的反应。
- 了解饮食、肠道菌群和健康之间的关系。

如今,"人如其食"这句话显得越来越正确了。尽管数百年来健康专家已经知道,优质营养会为人类带来健康和福祉,营养不良与慢性疾病有关,而对肠道菌群的研究表明,营养与健康之间的联系比以往认为得更为紧密。饮食因素对肠道菌群的影响正成为营养学家越来越感兴趣的领域。不仅是营养可以影响肠道菌群的组成,而且菌群还可以改变机体对营养的代谢反应——这些可能会对健康和疾病产生影响。

本章主要阐述饮食对健康人群肠道菌群的影响。越来越多来自观察性和实验性的研究证据支持饮食决定微生物组成这一观点。一项大样本队列研究发现,63种饮食因素(包括与糖类、蛋白质和脂肪摄入有关的因素)与个体间肠道菌群组成的差异有关(Falony等,2016)。现将过去10年的见解概述如下,必须指出的是,这一领域的研究尚处于初级阶段,饮食调节微生物群以维持健康的全部潜力还远不清楚。目前,想要根据这些见解制订具体的膳食指南还有一定难度。

营养调节微生物群

饮食是公认的肠道菌群组成的调节因素,在饮食发生变化的24小时内,菌群组成也会随之发生明显改变(David 等,2013)。不同的食物成分、饮食模式和营养成分都有可能改变不同种类微生物的生长和(或)群落动态,从而显著调节结肠的微生物种群。虽然大型观察性研究表明,人与人之间肠道菌群组成的差异只有16%~19%可用内在因素和环境因素来解释,但饮食是最具影响的环境因素之一(Zhernakova 等,2016;Falony 等,2016)。

如第2章所述,人类对营养物质的消化和吸收主要发生在胃肠道的上半部分。但小部分正常摄入的饮食在小肠中未被消化,随后进入大肠,大肠中的微生物群会分解其中的某些成分。肠道菌群发酵的底物为生存在该处的某些微生物提供了能量来源,并对微生物群落的多个方面进行调节。宿主能够利用代谢产物,这可能对健康有益或无益。随着对宿主和菌群之间相互作用认知的深入,包括结肠中产生营养物质和代谢物的降解活动,结肠正在成为诸多健康的研究方面的一个重要场所。

常规营养素与菌群

糖类

糖类是人体主要的能量来源,是人类肠道菌群影响因素中研究最深入的饮食成分。"膳食纤维"是一个不确切的概念,世界各地对此有着不同的定义,科学家提出用 "菌群可用糖类"(MAC)来指代这种可被肠道菌群代谢利用的纤维类型;MAC 包括饮食中抗宿主降解和吸收的糖类,它们可能来自宿主肠道的分泌,也可能由肠道内的微生物产生(Sonnenburg 和 Sonnenburg,2014)。MAC 可能来源于植物、动物或食源性微生物。肠道菌群发酵 MAC,可产生不同的代谢活性终产物(如 SCFA)。膳食 MAC 的定义不包括纤维素和木质素,因为这些物质很难被肠道菌群代谢。

在任何时间段,大肠中都存在许多不同类型的饮食衍生 MAC,特别是在近端大肠。当底物被利用、补充或被摄入的饮食替代时,其浓度会发生变化。代谢功能多样的细菌能够在不同的糖类来源下生长,能够适应不断变化的营养环境,并在肠道生态系统中大量繁殖。

大量研究表明,摄入高膳食纤维(MAC)有助于身体健康:降低体重,减少心血管疾病,改善胃肠健康状况(Slavin,2013)。MAC 有益健康的机制尚未完全阐明,但越来越多的研究表明,肠道菌群可能与此有关。

控制饮食中糖类的总摄入量,似乎会对微生物群和 SCFA 的生成产生深远的影响。首次在肥胖人群中进行的试验表明,丁酸盐的产生与饮食中不同糖类的含量有关,糖类摄入量的减少导致 SCFA 总浓度降低,其中丁酸盐减少的幅度最大(Duncan 等,2007)。当糖类摄入量减少时,双歧杆菌属、罗斯菌属和直肠真杆菌(即最重要的丁酸盐产生菌)的种群数量也显著减少。

靶向分析表明,富含抗性淀粉的饮食会增加Ⅳ型梭状芽孢杆菌(瘤胃球菌科)的数量,而富含非淀粉多糖的饮食会导致 XIVa 型梭状芽孢杆菌(毛螺菌科)的数量增加(Salonen 等,2014)。梭状芽孢杆菌对结肠细胞很重要,因为它们释放丁酸盐作为发酵的最终产物。微生物基因丰度可以作为衡量健康的指标,在限制饮食能量并同时增加可溶性纤维摄入的健康肥胖/超重受试者中,微生物基因丰度增加(Cotillard 等,2013)。菌群的高度多样性以及饮食中糖类的高度复杂性,是增加 SCFA 生成量(图 6.1)和相关健康益处的必要条件。如何通过不可消化的糖类(如一些益生元)治疗性调控微生物群,第 7 章中进行了更详细的描述。

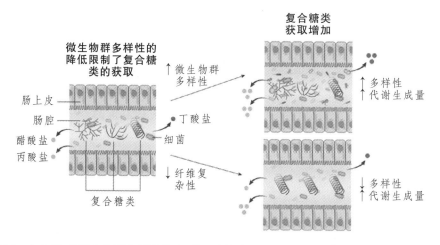

图 6.1 右上图:当微生物群多样性较高,并且从饮食中摄入多种类型的复合糖类时,肠道微生物利用这些复合糖类的比例增高,从而产生乙酸盐、丙酸盐和丁酸盐等 SCFA。左图:当微生物群落多样性较低,并且饮食中含有较多复合糖类时,微生物群落可以利用的复合糖类比例很低。右下图:如果在饮食中提供有限种类的复合糖类,且这种低纤维饮食适合微生物群低度多样性的需要,SCFA 的生成量可能会增加,但微生物群的多样性将持续处于低水平。右上图:在摄入富含复杂糖类的饮食后,SCFA 水平增加,并有助于增加微生物群的多样性(Sonnenburg 和 Bäckhed,2016)。(Sonnenburg, J.L, Bäckhed, F, 2016. Diet-microbiota interactions as moderators of human metabolism. Nature 535, 56–64. Macmillan Publishers Ltd; Nature. Copyright 2016.)

蛋白质

膳食蛋白是一种重要的健康营养物质;它在生长、免疫和繁殖的关键过程中至关重要。在酶(主要是蛋白酶和肽酶)的帮助下,膳食蛋白在小肠中被初步加工成肽链和游离氨基酸(FAA)。肽链和 FAA 经肠上皮细胞吸收后,被身体的不同器官代谢。与糖类一样,膳食中未被上消化道消化和吸收的蛋白质、肽链和 FAA 进入大肠,被远端结肠中的肠道菌群进一步发酵。据估计,在西式饮食的个体中,每天平均有 6~18g 的蛋白质进入大肠进行微生物发酵 (Cummings 和 Macfarlane,1991)。到达远端结肠的蛋白质来源于食物和宿主:饮食来源可能包括植物蛋白和动物肌肉蛋白,而肠道中宿主来源的蛋白主要是酶、黏蛋白和其他来自口腔、胃、胰腺和小肠分泌的糖蛋白(Macfarlane 和 Macfarlane,2012)。

与糖类代谢相比,关于微生物代谢膳食蛋白的研究较少。微生物群代谢蛋白质似乎有两条途径。第 1 条途径,细菌将蛋白质水解(分解)为 FAA,这些 FAA 被整合到微生物的结构蛋白和其他蛋白质中(Gibson 等,1989)。第 2 条途径,微生物群发酵氨基酸并产生大量的代谢物,包括氢、甲烷、二氧化碳、硫化氢、SCFA、支链脂肪酸(BCFA)、氨、N-亚硝基化合物、胺、酚类和吲哚类化合物(Yao 等,2016)。氨基酸发酵产生的代谢物通过不同的受体和作用机制发挥多种生物功能;然而动物研究已经证实,许多发酵代谢物对结肠健康有害(图 6.2)。例如,体外研究证实,蛋白质发酵代谢产生的氨对肠道健康有一定损害(Windey 等,2012)。

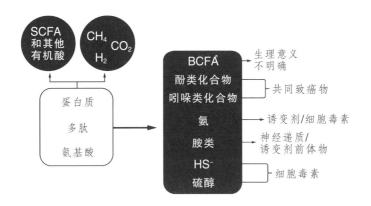

图 6.2 当结肠微生物发酵氨基酸时,产生的许多细菌代谢物会对结肠健康产生负面影响。BCFA,支链脂肪酸;SCFA,短链脂肪酸。(From Macfarlane,G.T,Macfarlane,S,2012. Bacteria, colonic fermentation,and gastrointestinal health. J. AOAC Int. 95(1),50–60.)

随着膳食蛋白的供应增加,肠道菌群的组成也在发生变化。拟杆菌属与动物蛋白的摄入密切相关,而普氏杆菌属则与植物蛋白的摄入量增加密切相关(Wu 等,2011)。干预性研究结果表明,高蛋白饮食(动物蛋白)的摄入可引起粪便中丁酸盐浓度的降低和产丁酸盐细菌减少,如双歧杆菌属、罗斯菌和直肠真杆菌(Brinkworth 等,2009;Duncan 等,2007;Russell 等,2011)。

在食用高蛋白、低糖类饮食的志愿者中,粪便中具有潜在破坏性的 N-亚硝基化合物的浓度明显增加(Russell 等,2011)。此外,一项纳入了 5 名男性志愿者的研究表明,摄入大量动物蛋白后,粪便中硫化物的产生与肉类摄入有关(Magee 等,2000);硫化氢是一种与溃疡性结肠炎相关的化合物(Rowan 等,2009)。总的来说,蛋白质摄入过多或饮食中蛋白质与糖类比例不恰当,似乎会导致病原菌和蛋白质发酵菌的数量增加,对健康造成潜在的不利影响(Ma 等,2017)。

脂肪

脂肪酸有助于机体生物膜的生成、能量的有效储存、细胞的结合/识别、信号传导、物质的消化和新陈代谢(Janson 和 Tischler,2012)。对于膳食脂肪摄入,目前世界各地大都建议避免摄入反式脂肪,限制饱和脂肪,用单不饱和脂肪和多不饱和脂肪代替饱和脂肪。因不同来源的膳食脂肪对健康的影响尚不清楚,脂肪酸摄入的最佳比例仍有争议。肠道菌群可能在某些健康效应中发挥着作用,但目前脂肪对人体肠道菌群影响的信息非常有限;大多数研究仅限于动物实验。

啮齿类动物的研究表明,膳食脂肪的数量和质量都会影响微生物生态系统;虽然目前还不清楚细菌是否会利用脂类来获取能量,但已证实肠道内脂类的存在会影响微生物的活动。事实上,当消瘦小鼠从标准饮食转向高脂饮食时,微生物群落发生了巨大的变化(Hildebrandt 等,2009)。从标准饮食转向高脂饮食,变形菌门、厚壁菌门和放线菌门的比例增加,而拟杆菌门的比例减少 (Hildebrandt 等,2009;Patterson 等,2014),毛螺菌科种群数量达到了峰值(Patterson 等,2014)。这些变化被认为是饱和脂肪酸溢出到远端结肠的结果,导致了饮食诱导的肠道菌群组成变化。另一项研究表明,双歧杆菌科的细菌在高脂饮食小鼠中完全消失,这可能验证了其他研究结果(Zhang 等,2009)。此外,研究发现,脱硫弧菌科(与更严重的肥胖有关)在高脂饮食小鼠中更加常见。在小鼠中,高脂肪饮食似乎通过微生物群对健康产生负面影响,并可能通过以下两种方式破坏肠道菌群:降低肠道屏障保护性双歧杆菌属的水平以及增加血液中的内毒素(Cani 等,2007)。

膳食脂肪酸种类对微生物群的影响可能大于总脂肪酸。尤其特别的是,与红花[n-6 多不饱和脂肪(PUFA)]或橄榄油(单不饱和脂肪)相比,棕榈油(饱和脂肪)显著地降低了小鼠体内微生物的多样性,且增加了厚壁菌门与拟杆菌门的比例(Wit 等,2012;Pattersonet 等,2014)。橄榄油和亚麻籽/鱼油是肠道菌群最具多样化的原因,在补充橄榄油饮食的小鼠中,拟杆菌科和拟杆菌属的比例最高(Patterson 等,2014)。富含亚麻籽/鱼油(n-3 多不饱和脂肪)的饮食似乎有双歧效应,显著增加了肠道双歧杆菌科的数量,特别是双歧杆菌属。其机制可能是亚麻籽油/鱼油增强了双歧杆菌对肠壁的黏附力(Patterson,2014)。与单一不饱和脂肪酸(橄榄油)或多不饱和脂肪酸(红花或亚麻/鱼油)相比,在膳食中添加饱和脂肪酸(来自棕榈油)似乎最能增加 SCFA 的总浓度(Patterson 等,2014)。一般认为 SCFA 对健康是有益的;然而,在肥胖个体中已经证明,与肥胖相关的肠道菌群从这些膳食脂肪酸中获取能量的能力已得到提高(Turnbaugh 等,2006)。

肥胖症的增加激发了大众对低糖类、高脂肪这种减肥饮食的兴趣。有限的人体干预试验研究了高脂肪饮食对肠道菌群的影响。Fava 等(2012)报道称,高脂饮食会导致细菌总数减少,而对于有代谢综合征风险的人群,在摄入饱和脂肪酸含量高的食物后,其粪便中 SCFA 浓度会增高。在一项超重/肥胖个体中进行的临床试验,比较了低糖类、高脂饮食与高糖类、高纤维、低脂饮食,结果证实,极低糖类、高脂饮食可降低 SCFA 的粪便浓度及排泄;此外还观察到双歧杆菌数量减少(Brinkworth 等,2009)。但仍需进一步的干预试验研究各种脂肪对人类肠道菌群的影响。

微量营养素与菌群

微量营养素包括维生素、矿物质和微量元素,它们对于能量代谢、细胞生长和分化、器官功能和免疫功能起着至关重要的作用。微生物群可以合成维生素如维生素 B_1、核黄素、烟酸、生物素、泛酸、叶酸(B 族维生素)以及维生素 K(Biesalski,2016)。饮食中提供的维生素在小肠被吸收,而微生物产生的维生素在结肠被吸收。

人们对膳食微量营养素及其与菌群的相互作用知之甚少;尤其是这些微量营养素如何通过肠道菌群影响免疫系统、肠道屏障功能和身体整体健康。为了揭示微量营养素与健康关联的机制,有待未来的研究阐明肠道微量营养素的合成和作用对菌群组成和功能的影响(Biesalski,2016)。

饮食模式与菌群

饮食模式被定义为"饮食中不同食物和饮料的数量、比例、种类或组合,以及它们的习惯消费频率"(疾病预防和健康促进办公室,2015)。不同饮食模式的营养质量不同,会产生不同的健康结果。在研究中,饮食模式可以用来描述个人的饮食方式,并有助于研究饮食与长期健康之间的关系。已知饮食模式对肠道菌群有长期的选择压力(Lloyd-Price 等,2016),一个貌似合理但迄今尚未证实的假设是,任何饮食模式对健康的影响都部分归因于它对肠道菌群组成和(或)功能的影响。

西方饮食模式与传统饮食模式的比较

"西方"饮食即高脂肪、胆固醇、动物性蛋白质和糖的大量摄入,以及过量盐的摄入,频繁食用加工食品和方便食品。另一个特点是水果、蔬菜(纤维和微量营养素)和全谷类食品的低度消费(Devereux,2006;Manzel 等,2014)。这种饮食模式通常存在于许多工业化国家,并与不良的健康结果相关:肥胖、代谢疾病、心血管疾病,以及可能的自身免疫性疾病(Manzel 等,2014)。例如,有假说认为,西方饮食模式会增加促炎细胞因子水平,调节肠道通透性,以导致肠道轻度慢性炎症的方式改变肠道菌群(Huang 等,2013)。在一项大规模的相关性研究中,微生物群多样性的减少与西方饮食的一些特征相关,如总能量摄入、零食和含糖饮料的摄入较多(Falony 等,2016)。

通过比较非工业化的农村社区和工业化的西方式社区人群的饮食模式,研究人员发现,肠道菌群对饮食和生活方式具有特定的适应过程。虽然这些群体之间存在多种生活方式的差异,但不同的饮食模式似乎是造成某些肠道菌群差异的根源。

一项关于西方饮食对肠道菌群影响的基础研究,对布基纳法索农村儿童(BF)和意大利佛罗伦萨城市儿童(EU)的饮食进行了比较(De Filippo 等,2010)。BF 地区儿童饮食中脂肪、动物蛋白含量均低,而富含淀粉、纤维和植物多糖。EU 地区儿童食用典型的西方饮食,饮食中动物蛋白、糖、淀粉和脂肪的含量高,但纤维含量低。两组儿童共有的代表性菌群包括放线菌门、拟杆菌门、厚壁菌门和变形菌门。但两组中每种细菌门所占的比例存在显著差异。BF 地区儿童拟杆菌门显著富集,厚壁菌门减少;且他们含有来自普氏杆菌属和木聚糖杆菌属的细菌——已知这类细菌含有一组水解纤维素和木聚糖的基因——而在 EU 地区的儿童完全没有这些细菌。BF 地区儿童的粪便 SCFA 浓度显著高于 EU 地区儿童。此外,已知会导致非感染性胃肠疾病的肠杆菌科(志贺菌和大肠杆菌)在 BF 儿童中的比例明显低于 EU 地区儿童(De Filippo 等,2010)。将孟加拉国儿童的菌群与美国中上层社区儿童的菌群进行比较,也发现了类似的结果(Lin 等,2013)。与美国儿童相比,孟加拉国儿童的微生物群中有丰富的普氏杆菌属、丁酸弧菌属和颤螺菌,而拟杆菌属较少;这些差异被认为与饮食成分有关(例如,大米、面包和孟加拉国饮食中的扁豆)。在这些研究和其他研究中,普氏杆菌属可能是非西方、富含植物饮食的一个指标。

另一项研究比较了委内瑞拉瓜伊布印第安人、马拉维农村社区居民和美国大城市(圣路易斯、费城和博尔德)居民的微生物群(Yatsunenko 等,2012)。美国居民喜好西方饮食,而马拉维和美洲印第安人的饮食以玉米和木薯为主,还包括一些工业产品,如马拉维的苏打水、奶制品、罐头食品和委内瑞拉的苏打水。生活在这3个国家的居民在肠道菌群种类组成和功能基因序列上表现出显著的差异,其中美国群体与马拉维和美洲印第安群体的差异尤为明显。这一发现在婴儿早期和成人期尤为明显。这些肠道菌群的差异可归因于饮食,其证据包括,在美国成人粪便微生物组中,一些编码降解氨基酸和单糖的酶基因表达过多,这反映了他们高蛋白和高糖的饮食模式。相比之下,参与淀粉降解的酶在马拉维和美洲印第安人的微生物群中过量表达,反映了他们富含玉米的饮食。另一项已发表的研究支持上述比较结果:与美国居民相比,巴布亚新几内亚农村居民粪便菌群的细菌多样性更高;这可能与巴布亚新几内亚人摄入较多的植物性糖类和膳食纤维,而较少摄入肉类蛋白质有关(Martinez 等,2015)。这些研究支持这样一种观点,即在西方饮食的所有特征中,淀粉和纤维摄入量的减少在肠道菌群方面的反应最为明显。

来自坦桑尼亚西北部的哈扎人,以觅食为生,食用野生食物,不种植农作物或驯化动物。研究发现,与习惯地中海饮食的意大利城市居民相比,哈扎人具有更高的微生物丰富度和生物多样性(Schnorr 等,2014)。哈扎人的肠道菌群中双歧杆菌数量稀少,拟杆菌门和普氏杆菌属富集,并以梭状芽孢杆菌群不寻常的排列为特征,这可能反映了哈扎人消化纤维植物食物并从中提取营养的能力。宏基因组分析表明,扎哈人的肠道菌群具有独特的适应性,能从植物来源的复杂多糖中高效地处理糖类并获取能量,而意大利人的肠道菌群则富含代谢精制糖类(如葡萄糖、半乳糖和蔗糖)的基因(Rampelli 等,2015)。随后,Obregon-Tito 等(2015)比较了马特塞斯人、图纳普科和美国诺曼居民的微生物群,马特塞斯是秘鲁亚马逊一个偏远的狩猎采集者部落,图纳普科是安第斯高地一个传统的农业社区,俄克拉荷马诺曼是一个典型的美国社区,有着工业化的城市生活方式(Obregon-Tito 等,2015)。这项研究支持了先前有关传统农村生活方式和西方化生活方式之间微生物分类和代谢差异的发现。然而,研究人员发现,马特塞斯人和图纳普科人的肠道菌群中含有大量螺旋体门,特别是密螺旋体属,而美国人的肠道中并不存在这些细菌。琥珀酸密螺旋体是一种非致病性糖类代谢物,当食用含有块茎的高纤维食物时,其含量可能会增加。研究人员推测,螺旋体可能代表了人类祖先肠道菌群的一部分,由于饮食差异、工业化农业和(或)其他生活方式的改变,这些菌群已经在西方人群中消失了(Obregon-Tito 等,2015)。

另一项启发性研究调查了中非共和国的巴卡地区和班图地区两类人群的微生物群组成和功能,并将其与美国人进行了比较。巴卡人过着狩猎采集的生活,他们的饮食包括野生动物、蔬菜、水果和鱼。班图人过着农耕生活,种植块茎和其他蔬菜,食用面粉类产品,饲养山羊;因此,班图人代表了介于狩猎采集者和西方人之间的生活方式。结果表明,巴卡人和班图人的粪便微生物群组成相似,但巴卡人体内含有大量与高植物纤维摄入相关的细菌,包括普雷沃菌科、密螺旋体属和梭菌科;而班图人则以厚壁菌门为主。美国人的普氏杆菌属和密螺旋体属数量最少。在肠道菌群功能方面,班图人和美国人增加了处理糖类和外源物的代谢途径。总的来说,这 3 类人群肠道微生物组的数据与他们饮食和生活方式的西化程度是一致的:巴卡人和美国人的差异最大,而班图人介于两者之间(Gomez 等,2016)。

一项干预性研究也支持了有关西方饮食如何影响肠道微生物组的观察数据:在一项为期两周的"饮食转换"研究中,美国的非裔美国人(匹兹堡)与南非的农村人交换了他们的习惯饮食。在密切的监督下,非洲裔美国人被提供高纤维、低脂肪(非洲风格)的饮食,而非洲农村人被提供高脂肪、低纤维(西方风格)的饮食。通过短暂的干预,研究人员发现肠道菌群组成只发生了微小的变化;然而,在转变为高纤维饮食的美国人中,结果显示炎症指标下降,丁酸合成基因丰度增高,粪便丁酸浓度增加,而高脂肪饮食的人群则相反。已知这些生物标志物的变化会影响结直肠癌(CRC)风险,研究人员指出,西方饮食增加 CRC 风险可能与肠道微生物组有关(O'Keefe 等,2015)。

上述研究表明,生活在非工业化、农村社会中的个体,其肠道菌群具有显著的多样性(个体内部)和较低的变异性(个体间),并且具有主要组成上的差异。这些变化可能部分是由于不同的饮食习惯造成的。饮食西化与肠道微生物多样性的丧失有关,包括能发酵高纤维膳食成分的微生物丧失,并与能够发酵动物性产品的细菌丰度增加有关(Segata,2015)。

素食饮食模式

素食主义是一种以食用植物而非肉类为基础的饮食模式。它包括不同类型的饮食,这取决于它们是否含有动物来源的食物,如牛奶和鸡蛋(do Rosario 等,

2016)。与非素食者相比,食用素食与许多健康益处有关,如缺血性心脏病死亡率、患癌症(Huang 等,2012)和 2 型糖尿病的风险显著降低(Satija 等,2016)。健康益处似乎源于多酚和纤维的摄入增加,同时限制肉类和(或)动物产品的摄入;最近有假说认为,这种联合饮食创造了一种特定的细菌生态位,产生不同的代谢物,这些代谢物具有代谢某些营养物质的多种能力,使身体更加强健(do Rosario 等,2016)。

两项干预试验研究了素食对人类微生物群的影响(Kim 等,2013;David 等,2013)。在第 1 项研究中,严格素食 1 个月的肥胖志愿者体内微生物群的组成与基线相比发生了显著变化:厚壁菌门与拟杆菌门的比值显著降低;病原体的数量减少;来自毛螺菌科、瘤胃菌科和韦荣球菌科的细菌生长增加。此外,研究对象的体重下降,代谢健康指标改善,肠道炎症减轻。第 2 项研究是一组交叉试验,每位受试者接受动物性饮食(不含纤维)和植物性饮食(高纤维),两种饮食之间有一段洗脱期。动物性饮食对受试者的微生物群影响最大,耐胆汁微生物的多样性和丰度(另枝菌属、嗜胆菌属和拟杆菌属)增加,代谢膳食纤维的细菌(罗斯菌、直肠真杆菌和布氏瘤胃球菌)水平降低。植物性饮食的受试者体内普氏杆菌属数量增加(David 等,2013)。这些试验结果支持增加膳食纤维对肠道菌群和健康有积极作用的观点。

一些对素食和杂食受试者肠道菌群的观察研究也支持这些饮食干预试验的结果(Liszt 等,2009;Matijasic 等,2014;Ruengsomwong 等,2014;Zimmer 等,2012;Kabeerdoss 等,2012;Ferrocino,2015;Reddy 等,1998)。表 6.1 概述了观察性研

表 6.1 素食对微生物群影响的观察性研究结果

素食者中的常见发现

细菌多样性更高(Liszt 等,2009)

普氏杆菌属水平增高(Matijasic 等,2014;Ruengsomwong 等,2014;De Filippo 等,2010)

拟杆菌水平增高(Liszt 等,2009;Matijasic 等,2014;De Filippo 等,2010)

致病菌减少,包括肠杆菌科(Kim 等,2013;De Filippo 等,2010)

普拉梭菌属数量增加(Liszt 等,2009;Matijasic 等,2014)

粪便 pH 降低(Wu 等,2011;Zimmer 等,2012)

Modified from do Rosario, V.A, Fernandes, R, de Trindade, E.B.S.M, 2016. Vegetarian diets and gut microbiota: Important shifts in markers of metabolism and cardiovascular disease. Nutr. Rev. 74(7), 444–454.

究中素食对微生物群的影响结果。这些研究的不同结果可能归因于方法上的差异,但所观察到的绝大部分变化都与某种形式的健康益处有关。尚需要更长期的大规模干预研究来证实这些结果。

地中海饮食模式

地中海饮食模式(MDP)富含植物性食物(谷类、水果、蔬菜、豆类、树坚果、种子和橄榄),包括适量的鱼类和海鲜;适量食用鸡蛋、家禽和奶制品(奶酪和酸奶),少量摄入红肉、加工肉类和甜食;适量饮酒(主要是餐时搭配红酒)(Bach-Faig 等,2011)。膳食脂质的主要来源是橄榄油,一种单不饱和脂肪酸。MDP 的生活方式特征包括日常体育活动,以及食用当地季节性的食物(图 6.3)。

MDP 与健康状况的显著改善有关,例如降低 2 型糖尿病(Schwingshackl 等,2015)、癌症(Schwingshackl 和 Hoffmann,2014)、阿尔茨海默病(Singh 等,2014)、代谢综合征(Garcia 等,2016)以及心血管疾病(Tong 等,2016)的风险。MDP 还与抗炎特性相关(Estruch 等,2006),在患者中已经证明,接受这种饮食模式可以改

图 6.3 地中海饮食模式结构以及相关的生活方式。(Reproduced with permission from Bach-Faig, A, et al., 2011. Mediterranean diet pyramid today. Science and cultural updates. Public Health Nutr. 14(12A),2274–2284.)

善炎症指标(Marlow 等，2013)。这种保护作用被认为源自多种脂肪酸成分，主要是单不饱和脂肪酸和多不饱和脂肪酸，以及源自多酚，多酚来自低血糖指数的植物性高纤维饮食。

越来越多的证据表明，MDP 影响了健康人群的肠道菌群，并给他们带来益处(De Filippis 等，2015；Gutiérrez-Díaz 等，2016)。研究人员首次尝试观察定期坚持 MDP 对粪便菌群及其代谢物的影响，并利用健康成年人样本完成了一项观察性研究(Gutiérrez-Díaz 等，2016)。对 MDP 依从性最高的受试者中，拟杆菌门和普氏杆菌属所占比例较高，而厚壁菌门和瘤胃球菌属丰度较低。此外，在对 MDP 有较高依从性的受试者粪便中，发现了较高浓度的 SCFA 丙酸盐和丁酸盐。一项横断面研究也发现了类似的结果：坚持 MDP 饮食的受试者肠道中有更丰富的拟杆菌门和普氏杆菌属(De Filippis 等，2015)。粪便中 SCFA 水平的升高也与 MDP 有关，作者将其归因于代谢糖类的厚壁菌门和拟杆菌门细菌水平的升高。

代谢综合征患者接受 MDP 饮食两年后，对其粪便菌群进行分析(Haro 等，2016a)，结果发现：MDP 显著增加了代谢综合征患者狄氏副拟杆菌、青春双歧杆菌和长双歧杆菌的丰度，此外还有多形拟杆菌和普拉梭菌这两种被认为具有肠道内稳态作用的细菌，其丰度也显著增加(Miquel 等，2013)。这表明，MDP 可增加或维持具有抗炎能力的微生物群。Haro 等(2016b)进一步对肥胖男性进行了为期 1 年的 MDP 后发现：与饮食相关的普氏杆菌属减少，而罗斯菌和颤螺菌属增加。长期坚持 MDP 后，狄氏副拟杆菌的丰度也有所增加；然而，这些男性的主要代谢变量并无差异。

上述研究表明，虽然坚持 MDP 可能对肠道菌群有益，但仍需要进一步的研究来证实这些发现。伴随纤维素和特定脂肪大量摄入的 MDP 构成了一种新式的潜在途径，可以通过塑造肠道菌群来增强人体健康。

食物成分与微生物群

多酚

本章前面所涉及的研究表明，植物性饮食对健康和肠道微生物有潜在的有益影响。毫无疑问，植物中的纤维有很多益处，但除此之外，研究人员已经确定多酚类物质可能对健康有独特的影响。膳食多酚是植物中的天然化合物，富集于水果、蔬菜、谷类、茶、咖啡和葡萄酒等食物。黄酮类是一类多酚化合物，有时被单独研究。摄入的多酚有 90%~95% 到达大肠，大肠内的微生物群将多酚结构代谢成低分子量的酚类代谢物(Cardona 等,2013)。后者是可吸收的,一些研究人员认为,这些代谢物与多酚类食物对健康的益处有关。来自人类的研究证据表明,食物中的酚类化合物可以改变肠道菌群的组成。大量食品含有潜在有益健康的多酚,已有研究的一些主要食品概述如下,见表6.2。

茶

绿茶在东亚一直被认为对健康有益;其功效源于茶中的黄酮类化合物,这种物质在茶叶中大量存在。茶中的黄酮类化合物主要是儿茶素,包括表儿茶素、表没食子儿茶素、表儿茶素-3-没食子酸酯和表没食子儿茶素-3-没食子酸酯(Etxeberria 等,2013)。一种含有70%茶多酚的产品(相当于10杯浓缩绿茶)可以引起肠道菌群中产气荚膜梭菌和其他梭菌显著减少,双歧杆菌显著增加(Okubo

表6.2 多酚类物质对人体肠道菌群影响的研究概况

酚类化合物	量	对菌群的影响	参考文献
绿茶 (黄烷醇)	约每天10杯	产气荚膜梭菌和其他梭状芽孢杆菌减少,双歧杆菌增加,SCFA增加	Okubo 等(1992)
绿茶 (黄烷醇)	每天4杯	双歧杆菌数量增加	Jin 等(2012)
红酒: 脱醇红酒和红酒	272mL/d	肠球菌、普氏杆菌属、拟杆菌、双歧杆菌、单形拟杆菌属、迟缓埃格特菌、同型产乙酸菌-直肠真杆菌增多	Queipo-Ortuño 等(2012)
可可	494mg/d	直肠真杆菌-球形梭菌群、乳酸杆菌属、肠球菌属、双歧杆菌属增多	Tzounis 等(2011)
野生蓝莓	25g/d	嗜酸乳杆菌和双歧杆菌属增加	Vendrame 等(2011)
大豆	100mg/d 异黄酮苷元当量	埃里克菌群、乳酸杆菌-肠球菌、普拉梭菌、双歧杆菌属增加	Clavel 等(2005)
豆奶 (26.5% β-伴大豆球蛋白/38.7% 大豆球蛋白)	500mL/d	厚壁菌门与拟杆菌门比降低,优杆菌属和梭菌属升高,双歧杆菌属减少	Fernandez-Raudales 等(2012)

等,1992)。SCFA 浓度,特别是丙酸盐和乙酸盐,也随着茶多酚的摄入显著增加。与本研究一致的是,10 名志愿者在饮用绿茶而非饮水 10 天后,粪便样本中的双歧杆菌比例增加,而在停止饮用绿茶后,这一比例随之下降(Jin 等,2012)。一项体外研究发现,将人粪便匀浆暴露于绿茶中的各种黄酮类化合物后,某些致病菌,如产气荚膜梭菌、艰难梭菌和拟杆菌属等被茶多酚及其衍生物显著抑制,而共生厌氧菌如梭菌、双歧杆菌和乳杆菌属受影响较小(Lee 等,2006)。不同肠道细菌对各种茶多酚及其代谢物的生长敏感性不同。目前,还很少有人研究红茶对人类肠道菌群的影响。

红酒

适量饮用红酒已被证明对健康有益,大量研究将其归因于红酒中的酚类化合物。红酒不仅含有复杂的黄酮类化合物,如黄烷-3-醇(称为黄烷醇)和花青素,还含有非黄酮类化合物,如白藜芦醇、肉桂酸和没食子酸(Etxeberria 等,2013)。大规模的人口数据表明,红酒的消费量越大,抗炎微生物普拉梭菌的丰度就越高(Falony 等,2016)。另外,10 名健康志愿者连续饮用红葡萄酒、脱醇红酒和杜松子酒 4 周后,对其微生物群进行了比较,结果发现,粪便样本中的肠球菌、普氏杆菌属、拟杆菌、双歧杆菌和其他几个类群显著增加。在厚壁菌门中,与基线相比,饮用脱醇红酒和红酒后,肠球菌属和同型产乙酸菌-直肠真杆菌明显增加。在拟杆菌门中,拟杆菌属、单形拟杆菌和普氏杆菌属的数量在摄入红酒后显著增加。在放线菌门中,与基线相比,红酒和脱醇红酒引起双歧杆菌和迟缓埃格特菌的数量显著增加。这项研究表明,饮用红酒可以显著调节人类肠道菌群中潜在有益菌的生长,这提示饮食中包含红酒可能对健康有益,而肠道菌群在其中发挥了一定作用(Queipo-Ortuño 等,2012)。

可可

可可是一种从可可树(梧桐科)中提取的产物,富含黄烷醇化合物(黄烷-3-醇)。尽管 Tzounis 等(2011)观察到,在饮用可可饮料(494mg/d)后,双歧杆菌、溶组织梭状芽孢杆菌、直肠真杆菌-球形梭菌、乳杆菌属和大肠杆菌属的数量发生显著变化,但关于其中的化合物对人体肠道菌群的影响我们还知之甚少(Tzounis 等,2011)。

水果

浆果含有丰富的酚类化合物,主要是黄酮类化合物(以花青素为主)(Etxeberria 等,2013)。在饮用野生蓝莓(矮丛蓝莓)饮料 6 周后,健康志愿者的双歧杆菌和嗜酸乳杆菌(可能为有益健康的菌种)显著增加(Vendrame 等,2011)。

大豆

大豆产品(豆科成员)富含植物雌激素,主要以异黄酮的形式存在(Etxeberria 等,2013)。这类黄酮类化合物已被证明可以改变绝经后女性肠道细菌的组成和多样性(Clavel 等,2005):补充异黄酮 1 个月后(100mg/d 异黄酮苷元当量),埃里克菌群、乳酸杆菌-肠球菌、普拉梭菌亚群、双歧杆菌属明显增多(Clavel 等,2005)。已知埃里克菌群中的一部分细菌可以代谢异黄酮。

大豆蛋白提取物主要由大豆球蛋白和 β-伴大豆球蛋白(占总蛋白质的 50%~70%)组成,二者已被证明对健康有益(Xiao,2008)。在超重和肥胖男性饮食中补充低大豆球蛋白豆奶(49.5%大豆 β-伴大豆球蛋白/6%大豆球蛋白)和传统豆奶(26.5%大豆 β-伴大豆球蛋/38.7%大豆球蛋白),可以改变肠道微生物的组成(Fernandez-Raudales 等,2012)。食用低大豆球蛋白和传统豆奶后,厚壁菌门的相对丰度显著降低,而拟杆菌门的相对丰度显著增加。在低大豆球蛋白豆奶组中,粪杆菌属较多,而在传统豆奶组中,真杆菌属和梭状芽孢杆菌属较多。与其他研究相反,食用低大豆球蛋白和传统豆奶后,双歧杆菌明显减少(Fernandez-Raudales 等,2012)。

这项研究证实,饮食中的多酚似乎可以通过肠道菌群发挥类似益生元的作用,有助于维持健康。虽然有大量的体外研究,但多酚对人体肠道菌群的影响及其作用机制,目前仍缺乏相关数据。需要进一步的研究,以便更好地理解膳食酚类与肠道菌群之间的关系,同时结合宏基因组学和代谢组学的研究,更深入地理解多酚对健康的影响。

食品添加剂与微生物群

乳化剂

膳食乳化剂有助于塑造许多加工食品和饮料的理想特性,但其不能被人体消化、吸收和发酵 (Glade 和 Meguid,2016)。羧甲基纤维素和聚山梨酯-80 以高达 2%的浓度用于各种食品中(Cani 和 Everard,2015)。新出现的证据表明,乳化剂与肠道菌群组成的改变有关,并能增加细菌移位,可能促进肠道炎症的相关性疾病,如炎性肠病和代谢综合征(Chassaing 等,2015)。易患结肠炎的啮齿类动物,如果摄入低浓度的羧甲基纤维素和聚山梨酯-80 (每 24 小时占食物的 0.1%~1%),则会导致轻度炎症、肥胖/代谢综合征以及结肠炎患病率增加(Chassaing 等,2015)。

乳化剂削弱了肠上皮的黏液屏障,促进了细菌向肠组织的移位。此外,摄入低剂量乳化剂促进了慢性肠道炎症的轻微病变,包括上皮损伤。但很难将这些结果推演至人类,因为这些小鼠持续摄入乳化剂,致使这些化合物在动物体内的水平远高于人类的摄入水平(Cani,2015)。有必要进行深入研究,模拟乳化剂在人体中的现实水平,探索其对肥胖、轻度炎症和微生物群的影响以及机制。

无热量甜味剂

无热量甜味剂(NCS),也被称为人工甜味剂或高强度甜味剂,是一种食品添加剂,用于取代食品中的糖,并释放出甜味。在美国和加拿大,这些包括乙酰氨基磺酸钾、阿斯巴甜、糖精、甜菊糖苷、僧果提取物、三氯蔗糖和纽甜。虽然NCS提供了一种甜味,但它们只提供很少或完全不提供热量,全世界数百万人通过食用它们来对抗体重增加和维持血糖水平;然而矛盾的是,它们却与体重增加有关(Pepino和Bourne,2011)。大多数的NCS不会被人体吸收;它们被排出体外,其新陈代谢被认为是惰性的(Roberts等,2000)。尽管人体的消化机制不能代谢NCS,但动物模型的新证据表明,NCS是由肠道菌群代谢的。因此,这些化合物可能影响肠道菌群和宿主健康(Suez等,2015)。

Suez和他的同事们在小鼠的饮用水中添加了糖精、三氯蔗糖和阿斯巴甜,结果发现,与对照组相比,每只摄入NCS的小鼠都表现出明显的葡萄糖耐受不良,其中糖精的作用最为明显。饮用糖精的小鼠有独特的微生物群,其特征是富含拟杆菌属或梭菌目,而乳酸杆菌和梭菌目的其他菌属则很少。菌群似乎是造成这种效应的主要原因,因为只有将食用NCS的小鼠粪便转移至无菌小鼠时,才会导致受体葡萄糖耐量受损。一项人体研究结果表明,比较高NCS摄入者和非NCS摄入者,发现肠道中的多个细菌分类群与NCS摄入之间存在正相关(随着NCS摄入量的增加,放线菌目、肠杆菌目和梭菌目的数量也在增加)。NCS的摄入与各种临床参数的升高如体重指数、血压、糖化血红蛋白、空腹血糖水平呈正相关。另外,在7名未服用NCS的健康志愿者中,在添加糖精1周后[每天最多摄入5mg/(kg·d)],有4名出现了较差的血糖反应(即"应答者"),其余没有明显变化。应答者的菌群组成发生了变化,在摄入NCS前后,这些志愿者的粪便均被转移到小鼠体内;只有NCS摄入后的粪便导致受体小鼠葡萄糖耐受不良。作者推测,不同个体对NCS具有个性化反应,可能源于菌群组成和功能的初始差异。

对NCS和肠道菌群的研究还处于早期阶段。除了糖精和阿斯巴甜外,目前还不清楚其他NCS对肠道菌群的影响。此外,还需要进行人体临床试验,以确定

NCS 对人体微生物群和健康的影响程度。

个性化饮食反应

最近的几项研究显示,人类对饮食有明显的个体化反应。在一项研究中,健康人对高纤维大麦面包表现出不同的葡萄糖反应,普氏杆菌/拟杆菌与有益反应相关。将具有最良反应的小鼠肠道菌群转移给无菌小鼠后,这些啮齿动物的葡萄糖代谢得到改善,普氏杆菌属丰度增加(Kovatcheva-Datchary 等,2015)。

在以色列的一项重要研究中,研究人员在 1 周内对 800 多人的血糖水平和饮食进行了监测,结果发现,不同人对同一种食物的葡萄糖反应具有惊人的高变异性。一些人在食用番茄等通常被认为不是高血糖指数的食物后,血糖出现了激增。随后,研究人员开发了一种基于微生物组数据和其他特征的机器学习法,可以准确预测身体对特定食物的葡萄糖反应;在一个较小的队列研究中,他们开发的短期个性化饮食干预,能够使餐后血糖反应正常化(Zeevi 等,2015)。这些研究表明,肠道菌群可能在身体对食物的生理反应中至关重要,而通过饮食调节肠道菌群的研究,需要考虑基线微生物群的组成和(或)功能。

人口的饮食变化

一项有趣的研究表明,当饮食习惯随着时间改变时,肠道菌群会适应并利用新的饮食成分。例如,日本人体内有一种叫作普通拟杆菌的肠道细菌,其基因编码的糖类活性酶,可以帮助人体从一种海藻中获取能量(Hehemann 等,2010)。这些细菌基因在北美人身上是缺失的。日本人经常从食物中摄入海藻及其相关的海洋细菌,这似乎成功地给肠道微生物组增加了新的功能,使其易于消化海藻(Hehemann 等,2012)。因此,随着时间的推移,饮食的改变可能有助于肠道微生物基因的改变,帮助机体从这些成分中获取能量。

未来的发展方向

从观察性和干预性研究都可以得出,食物成分和饮食模式塑造了肠道菌群。富含植物性食物的饮食与含大量动物脂肪和蛋白质的饮食,可导致微生物组成上的显著差异。富含植物性食物(包含纤维和多酚)的饮食似乎对肠道健康有益,因为微生物发酵为宿主提供了有益的底物(维生素、SCFA 和其他产物)。虽然高度多样化的微生物群似乎是饮食干预的一个有价值的目标,但为了充分了解饮食对健康的影响,在未来的研究中必须考虑饮食成分的多种类转换。此外,饮食干预研究还将有助于理解饮食与健康相关的微生物调节之间的因果关系(Zoetendal 和 de Vos,2014)。

(谭莎丽 王琨 译)

参考文献

Bach-Faig, A., et al., 2011. Mediterranean diet pyramid today. Science and cultural updates. Public Health Nutr. 14 (12A), 2274–2284.

Biesalski, H.K., 2016. Nutrition meets the microbiome: micronutrients and the microbiota. Ann. N.Y. Acad. Sci. 1372 (1), 53–64.

Brinkworth, G.D., et al., 2009. Comparative effects of very low-carbohydrate, high-fat and high-carbohydrate, low-fat weight-loss diets on bowel habit and faecal short-chain fatty acids and bacterial populations. Br. J. Nutr. 101 (10), 1493–1502.

Cani, P.D., 2015. Metabolism: dietary emulsifiers—sweepers of the gut lining? Nat. Rev. Endocrinol. 11 (6), 319–320.

Cani, P.D., Everard, A., 2015. Keeping gut lining at bay: impact of emulsifiers. Trends Endocrinol. Metab. 26 (6), 273–274.

Cani, P.D., et al., 2007. Selective increases of bifidobacteria in gut microflora improve high-fat-diet-induced diabetes in mice through a mechanism associated with endotoxaemia. Diabetologia 50 (11), 2374–2383.

Cardona, F., et al., 2013. Benefits of polyphenols on gut microbiota and implications in human health. J. Nutr. Biochem. 24 (8), 1415–1422.

Chassaing, B., et al., 2015. Dietary emulsifiers impact the mouse gut microbiota promoting colitis and metabolic syndrome. Nature 519 (7541), 92–96.

Clavel, T., et al., 2005. Isoflavones and functional foods alter the dominant intestinal microbiota in postmenopausal women. J. Nutr. 135 (12), 2786–2792.

Cotillard, A., et al., 2013. Dietary intervention impact on gut microbial gene richness. Nature 500 (7464), 585–588.

Cuervo, A., et al., 2014. Pilot study of diet and microbiota: interactive associations of fibers and polyphenols with human intestinal bacteria. J. Agric. Food Chem. 62 (23), 5330–5336.

Cummings, J.H., Macfarlane, G.T., 1991. The control and consequences of bacterial fermentation in the human colon. J. Appl. Bacteriol. 70 (6), 443–459.

David, L.A., et al., 2013. Diet rapidly and reproducibly alters the human gut microbiome. Nature 505 (7484), 559–563. Available from: http://www.nature.com/doifinder/10.1038/nature12820.

De Filippis, F., et al., 2015. High-level adherence to a Mediterranean diet beneficially impacts the gut microbiota and associated metabolome. Gut. gutjnl-2015-309957.

De Filippo, C., et al., 2010. Impact of diet in shaping gut microbiota revealed by a comparative study in children from Europe and rural Africa. Proc. Natl. Acad. Sci. U. S. A. 107 (33), 14691–14696.

Devereux, G., 2006. The increase in the prevalence of asthma and allergy: food for thought. Nat. Rev. Immunol. 6, 869–874.

do Rosario, V.A., Fernandes, R., de Trindade, E.B.S.M., 2016. Vegetarian diets and gut microbiota: important shifts in markers of metabolism and cardiovascular disease. Nutr. Rev. 74 (7), 444–454.

Duncan, S.H., et al., 2007. Reduced dietary intake of carbohydrates by obese subjects results in decreased concentrations of butyrate and butyrate-producing bacteria in feces. Appl. Environ. Microbiol. 73 (4), 1073–1078.

Estruch, R., et al., 2006. Effects of a Mediterranean-style diet on cardiovascular risk factors a randomized trial. Ann. Intern. Med. 145 (1), 1–11.

Etxeberria, U., et al., 2013. Impact of polyphenols and polyphenol-rich dietary sources on gut microbiota composition. J. Agric. Food Chem. 61 (40), 9517–9533.

Falony, G., et al., 2016. Population-level analysis of gut microbiome variation. Science 352 (6285), 560–564.

Fava, F., et al., 2012. The type and quantity of dietary fat and carbohydrate alter faecal microbiome and short-chain fatty acid excretion in a metabolic syndrome "at-risk" population syndrome. Int. J. Obes. 37 (2), 216–223.

Fernandez-Raudales, D., et al., 2012. Consumption of different soymilk formulations differentially affects the gut microbiomes of overweight and obese men. Gut Microbes 3 (6), 490–500.

Ferrocino, I., et al., 2015. Fecal microbiota in healthy subjects following omnivore, vegetarian and vegan diets: culturable populations and rRNA DGGE profiling. PLoS One 10 (6), e0128669.

Garcia, M., et al., 2016. The effect of the traditional Mediterranean-style diet on metabolic risk factors: a meta-analysis. Nutrients 8 (168), 1–18.

Gibson, S.A.W., et al., 1989. Significance of microflora in proteolysis in the colon. Appl. Environ. Microbiol. 55 (3), 679–683.

Glade, M.J., Meguid, M.M., 2016. A glance at … dietary emulsifiers, the human intestinal mucus and microbiome, and dietary fiber. Nutrition 32 (5), 609–614.

Gomez, A., et al., 2016. Gut microbiome of coexisting BaAka pygmies and bantu reflects gradients of traditional subsistence patterns. Cell Rep. 14 (9), 2142–2153. Available from: http://linkinghub.elsevier.com/retrieve/pii/S2211124716300997.

Gutiérrez-Díaz, I., et al., 2016. Mediterranean diet and faecal microbiota: a transversal study. Food Funct. 2347–2356.

Haro, C., Garcia-Carpintero, S., et al., 2016a. The gut microbial community in metabolic syndrome patients is modified by diet. J. Nutr. Biochem. 27, 27–31.

Haro, C., Montes-Borrego, M., et al., 2016b. Two healthy diets modulate gut microbial community improving insulin sensitivity in a human obese population. J. Clin. Endocrinol. Metab. 101 (1), 233–242.

Hehemann, J.-H., et al., 2010. Transfer of carbohydrate-active enzymes from marine bacteria to Japanese gut microbiota. Nature 464 (7290), 908–912. Available from: http://www.nature.com/doifinder/10.1038/nature08937.

Hehemann, J.-H., et al., 2012. Bacteria of the human gut microbiome catabolize red seaweed glycans with carbohydrate-active enzyme updates from extrinsic microbes. Proc. Natl. Acad. Sci. U. S. A. 109 (48), 19786–19791. Available from: http://www.ncbi.nlm.nih.gov/pubmed/23150581.

Hildebrandt, M.A., et al., 2009. High-fat diet determines the composition of the murine gut microbiome independently of obesity. Gastroenterology 137 (5), 1716–1724.

Huang, T., et al., 2012. Cardiovascular disease mortality and cancer incidence in vegetarians: a meta-analysis and systematic review. Ann. Nutr. Metab. 60 (4), 233–240.

Huang, E.Y., et al., 2013. The role of diet in triggering human inflammatory disorders in the modern age. Microbes Infect. 15 (12), 765–774.

Janson, L., Tischler, M., 2012. Medical Biochemistry: The Big Picture. McGraw-Hill Education, Columbus, OH.

Jin, J.-S., et al., 2012. Effects of green tea consumption on human fecal microbiota with special reference to Bifidobacterium species. Microbiol. Immunol. 56 (11), 729–739.

Kabeerdoss, J., et al., 2012. Faecal microbiota composition in vegetarians: comparison with omnivores in a cohort of young women in southern India. Br. J. Nutr. 108 (6),

953–957.

Kim, M.-S., et al., 2013. Strict vegetarian diet improves the risk factors associated with metabolic diseases by modulating gut microbiota and reducing intestinal inflammation. Environ. Microbiol. Rep. 5 (5), 765–775.

Kovatcheva-Datchary, P., et al., 2015. Dietary fiber-induced improvement in glucose metabolism is associated with increased abundance of Prevotella. Cell Metab. 22 (6), 971–982. Available from: http://linkinghub.elsevier.com/retrieve/pii/S1550413115005173.

Lee, H.C., et al., 2006. Effect of tea phenolics and their aromatic fecal bacterial metabolites on intestinal microbiota. Res. Microbiol. 157 (9), 876–884.

Lin, A., et al., 2013. Distinct distal gut microbiome diversity and composition in healthy children from Bangladesh and the United States. PLoS One 8 (1), e53838.

Liszt, K., et al., 2009. Characterization of bacteria, clostridia and Bacteroides in faeces of vegetarians using qPCR and PCR-DGGE fingerprinting. Ann. Nutr. Metab. 54 (4), 253–257.

Lloyd-Price, J., Abu-Ali, G., Huttenhower, C., 2016. The healthy human microbiome. Genome Med. 8 (1), 51. Available from: http://genomemedicine.biomedcentral.com/articles/10.1186/s13073-016-0307-y.

Ma, N., et al., 2017. Contributions of the interaction between dietary protein and gut microbiota to intestinal health. Curr. Protein Pept. Sci. 18 (999), 1. Available from: http://www.eurekaselect.com/openurl/content.php?genre=article&doi=10.2174/1389203718666170216153505.

Macfarlane, G.T., Macfarlane, S., 2012. Bacteria, colonic fermentation, and gastrointestinal health. J. AOAC Int. 95 (1), 50–60.

Magee, E.A., et al., 2000. Contribution of dietary protein to sulfide production in the large intestine: an in vitro and a controlled feeding study in humans. Am. J. Clin. Nutr. 72 (6), 1488–1494.

Manzel, A., et al., 2014. Role of "Western diet" in inflammatory autoimmune diseases. Curr. Allergy Asthma Rep. 14 (1), 404. Available from: http://www.ncbi.nlm.nih.gov/pubmed/24338487.

Marlow, G., et al., 2013. Transcriptomics to study the effect of a Mediterranean-inspired diet on inflammation in Crohn's disease patients. Hum. Genomics 7, 24.

Martinez, I., et al., 2015. The gut microbiota of rural papua new guineans: composition, diversity patterns, and ecological processes. Cell Rep. 11 (4), 527–538.

Matijasic, B.B., et al., 2014. Association of dietary type with fecal microbiota in vegetarians and omnivores in Slovenia. Eur. J. Nutr. 53 (4), 1051–1064.

Miquel, S., et al., 2013. *Faecalibacterium prausnitzii* and human intestinal health. Curr. Opin. Microbiol. 16 (3), 255–261.

Obregon-Tito, A.J., et al., 2015. Subsistence strategies in traditional societies distinguish gut microbiomes. Nat. Commun. 6, 6505.

Office of Disease Prevention and Health Promotion, 2015. Dietary patterns—2015 Advisory Report—health.gov. Scientific report of the 2015 Dietary Guidelines Advisory Committee. Available from: https://health.gov/dietaryguidelines/2015-scientific-report/07-chapter-2/.

O'Keefe, S.J.D., et al., 2015. Fat, fibre and cancer risk in African Americans and rural Africans. Nat. Commun. 6, 6342. Available from: http://www.nature.com/doifinder/10.1038/ncomms7342.

Okubo, T., et al., 1992. In vivo effects of tea polyphenol intake on human intestinal microflora and metabolism. Biosci. Biotechnol. Biochem. 56 (4), 588–591.

Patterson, E., et al., 2014. Impact of dietary fatty acids on metabolic activity and host intestinal microbiota composition in C57BL/6J mice. Br. J. Nutr. 111 (11), 1905–1917.

Pepino, M.Y., Bourne, C., 2011. Non-nutritive sweeteners, energy balance, and glucose homeostasis. Curr. Opin. Clin. Nutr. Metab. Care 14 (4), 391–395. Available from: http://www.ncbi.nlm.nih.gov/pubmed/21505330.

Queipo-Ortuño, M.I., et al., 2012. Influence of red wine polyphenols and ethanol on the gut microbiota ecology and biochemical biomarkers. Am. J. Clin. Nutr. 95 (6), 1323–1334.

Rampelli, S., et al., 2015. Metagenome sequencing of the Hadza hunter-gatherer gut micro-

biota. Curr. Biol. 25 (13), 1682–1693.
Reddy, S., et al., 1998. Faecal pH, bile acid and sterol concentrations in premenopausal Indian and white vegetarians compared with white omnivores. Br. J. Nutr. 79 (6), 495–500.
Roberts, A., et al., 2000. Sucralose metabolism and pharmacokinetics in man. Food Chem. Toxicol. 38 (Suppl. 2), 31–41.
Rowan, F.E., et al., 2009. Sulphate-reducing bacteria and hydrogen sulphide in the aetiology of ulcerative colitis. Br. J. Surg. 96 (2), 151–158.
Ruengsomwong, S., et al., 2014. Senior Thai fecal microbiota comparison between vegetarians and non-vegetarians using PCR-DGGE and real-time PCR. J. Microbiol. Biotechnol. 24 (8), 1026–1033.
Russell, W.R., et al., 2011. High-protein, reduced-carbohydrate weight-loss diets promote metabolite profiles likely to be detrimental to colonic health. Am. J. Clin. Nutr. 93 (5), 1062–1072.
Salonen, A., et al., 2014. Impact of diet and individual variation on intestinal microbiota composition and fermentation products in obese men. ISME J. 8 (11), 2218–2230.
Satija, A., et al., 2016. Plant-based dietary patterns and incidence of type 2 diabetes in US men and women: results from three prospective cohort studies. PLoS Med. 13 (6), e1002039.
Schnorr, S.L., et al., 2014. Gut microbiome of the Hadza hunter-gatherers. Nat. Commun. 5, 3654.
Schwingshackl, L., Hoffmann, G., 2014. Adherence to Mediterranean diet and risk of cancer: a systematic review and meta-analysis of observational studies. Int. J. Cancer 135 (8), 1884–1897.
Schwingshackl, L., et al., 2015. Adherence to a Mediterranean diet and risk of diabetes: a systematic review and meta-analysis. Public Health Nutr. 18 (7), 1292–1299.
Segata, N., 2015. Gut microbiome: westernization and the disappearance of intestinal diversity. Curr. Biol. 25 (14), R611–R613.
Singh, B., et al., 2014. Association of Mediterranean diet with mild cognitive impairment and Alzheimer's disease: a systematic review and meta-analysis. J. Alzheimers Dis. 39 (2), 271–282.
Slavin, J., 2013. Fiber and prebiotics: mechanisms and health benefits. Nutrients 5 (4), 1417–1435. Available from: http://www.ncbi.nlm.nih.gov/pubmed/23609775.
Sonnenburg, J.L., Bäckhed, F., 2016. Diet-microbiota interactions as moderators of human metabolism. Nature 535, 56–64.
Sonnenburg, E.D., Sonnenburg, J.L., 2014. Starving our microbial self: the deleterious consequences of a diet deficient in microbiota-accessible carbohydrates. Cell Metab. 20 (5), 779–786.
Suez, J., et al., 2015. Non-caloric artificial sweeteners and the microbiome: findings and challenges. Gut Microbes 6 (2), 149–155.
Tong, T.Y.N., et al., 2016. Prospective association of the Mediterranean diet with cardiovascular disease incidence and mortality and its population impact in a non-Mediterranean population: the EPIC-Norfolk study. BMC Med. 14 (1), 135.
Turnbaugh, P.J., et al., 2006. An obesity-associated gut microbiome with increased capacity for energy harvest. Nature 444 (7122), 1027–1131. Available from: http://www.nature.com/doifinder/10.1038/nature05414.
Tzounis, X., et al., 2011. Prebiotic evaluation of cocoa-derived flavanols in healthy humans by using a randomized, controlled, double-blind, crossover intervention study. Am. J. Clin. Nutr. 93 (1), 62–72.
Vendrame, S., et al., 2011. Six-week consumption of a wild blueberry powder drink increases Bifidobacteria in the human gut. J. Agric. Food Chem. 59 (24), 12815–12820.
Windey, K., de Preter, V., Verbeke, K., 2012. Relevance of protein fermentation to gut health. Mol. Nutr. Food Res. 56 (1), 184–196.
Wit, N.D., et al., 2012. Saturated fat stimulates obesity and hepatic steatosis and affects gut microbiota composition by an enhanced overflow of dietary fat to the distal intestine. Am. J. Physiol. Gastrointest. Liver Physiol. 303 (5), G589–G599.
Wu, G.D., et al., 2011. Linking long-term dietary patterns with gut microbial enterotypes. Science 334 (6052), 105–108.
Xiao, C.W., 2008. Health effects of soy protein and isoflavones in humans. J. Nutr. 138 (6),

1244S–1249S.

Yao, C.K., Muir, J.G., Gibson, P.R., 2016. Review article: insights into colonic protein fermentation, its modulation and potential health implications. Aliment. Pharmacol. Ther. 43 (2), 181–196.

Yatsunenko, T., et al., 2012. Human gut microbiome viewed across age and geography. Nature 486 (7402), 222–227.

Zeevi, D., et al., 2015. Personalized nutrition by prediction of glycemic responses. Cell 163 (5), 1079–1094. Available from: http://www.ncbi.nlm.nih.gov/pubmed/26590418.

Zhang, C., et al., 2009. Interactions between gut microbiota, host genetics and diet relevant to development of metabolic syndromes in mice. ISME J. 4, 232–241.

Zhernakova, A., et al., 2016. Population-based metagenomics analysis reveals markers for gut microbiome composition and diversity. Science 352 (6285), 565–569.

Zimmer, J., et al., 2012. A vegan or vegetarian diet substantially alters the human colonic faecal microbiota. Eur. J. Clin. Nutr. 66 (1), 53–60.

Zoetendal, E.G., de Vos, W.M., 2014. Effect of diet on the intestinal microbiota and its activity. Curr. Opin. Gastroenterol. 30 (2), 189–195. Available from: http://www.ncbi.nlm.nih.gov/pubmed/24457346.

第 7 章
调控肠道菌群的治疗方法

> **目的**
> - 了解调控肠道微生物组的治疗方法,包括益生菌、益生元、粪菌移植、微生物合剂,以及微生物群调节药物。
> - 了解目前益生菌和益生元的定义及其用于治疗的证据。
> - 了解健康人群如何预防性地使用益生菌。

在健康人群中,饮食可通过调节肠道菌群组成,从而影响健康状况(如第 6 章所述)。本章将更详细地介绍如何调控肠道菌群,包括使用已知的方法调控肠道菌群组成,以改善疾病状态下的健康状况。例如,益生菌、益生元、粪菌移植或确定的菌群合剂、微生物群调节药物以及其他几种干预措施,这些将在此章进行讨论。这些都表明,通过各种方法对微生物群进行调控,在疾病的治疗中具有重大应用前景。因此,需要更多的研究推进这一重要领域的发展。

本章的干预措施已明确可以影响人类的健康状况;然而具体的机制并不清楚。例如,粪菌移植在治疗复发性艰难梭菌感染中的作用,可能是通过重塑肠道菌群的组成来实现的。因此,需要更多精心设计的研究,以确定以下讨论的治疗效果是否直接由肠道微生物组的变化引起。

这一领域研究的另一个问题是,尽管最近的研究表明,肠道菌群的基线水平可能会影响菌群干预措施的效果,但通常并未引起重视。举其中一个例子来说,低 FODMAP 饮食干预不仅可调节肠道菌群 (Halmos 等,2015),还可减轻约 50%的 IBS 患者的症状;(Eswaran 等,2016)另外最新数据表明,可以通过检测肠道菌群的基线水平,预测一组 IBS 儿童低 FODMAP 饮食的干预效果(Chumpitazi 等,2015)。

益生菌

2001年,联合国粮农组织和世界卫生组织(FAO/WHO)在联合报告上提出了益生菌的经典定义(FAO/WHO,2001),并在2014年的专家共识(Hill等,2014)中更新为:"具有活性的微生物,其数量充足时,可对宿主产生有益作用"。定义的关键在于微生物必须具有经过科学证明的健康益处。

许多活菌并不符合益生菌的条件。传统发酵食品中的活菌由于其特征尚未明确,因而不符合益生菌的定义(图7.1)。此外,就发酵食品而言,科学家也很难将食物成分带来的健康益处与活菌本身带来的益处区分开来(Hill等,2014)。用于粪菌移植的人类粪便中的微生物群也不符合益生菌的定义,因为这些混合物包括未知的类群(细菌、酵母、寄生虫和病毒),科学家们目前正努力确定哪些微生物对健康有益(Hill等,2014)。

益生菌具有良好的安全性,但却不是毫无风险。Marteau(2001)概述了使用益生菌可能产生的4类副作用:全身感染、有害代谢效应、易感个体中细胞因子介导的免疫不良事件以及抗生素耐药基因的转移。尽管这些反应通常在健康个体上不会发生,但在免疫功能低下的个体中使用益生菌时应特别谨慎。

因为观察终点并不明确,科学家们很难阐明益生菌的预防作用(见本章"益生菌在健康中的作用")。益生菌的益处在病理状况下体现得尤为明显:服用益生菌与服用安慰剂相比,临床参数得到了明显改善,这是其有效性的证据。然而,许多Meta分析指出,大多数关于益生菌的研究论文都存在方法学问题,这使得临床医生很难从数据中获得可靠的结论。

益生菌研究的另一个挑战,则是绝大多数情况下涉及肠道菌群的作用机制尚未得到证实。临床研究追踪益生菌的"输入"(无论是单一菌株还是多个菌株)和健康的"输出",但往往不知道其间的具体过程。虽然科学家确实知晓益生菌在胃肠道和身体其他部位的一些作用(图7.2),但对益生菌产生健康影响的机制知之甚少。例如,与益生菌被食用后应定植于胃肠道的普遍假设相反,Kristensen等(2016)的系统综述指出,与安慰剂相比,益生菌增补剂并没有改变粪便菌群的组成。因此,单纯的定植和"排挤"致病性细菌可能并不是益生菌发挥作用的机制。

胃肠功能

有证据表明,益生菌可能有助于治疗和(或)预防胃肠道的一系列疾病,详见

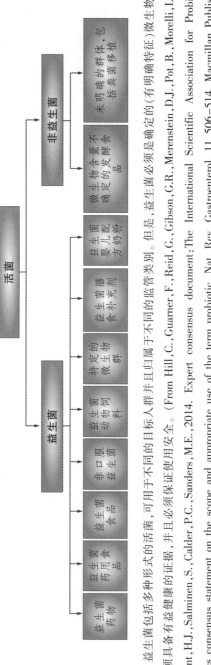

图 7.1 益生菌包括多种形式的活菌，可用于不同的目标人群并且归属于不同的监管类别。但是，益生菌必须是确定的(有明确特征)微生物。所有益生菌必须具备有益健康的证据，并且必须保证使用安全。(From Hill, C., Guarner, F., Reid, G., Gibson, G.R., Merenstein, D.J., Pot, B., Morelli, L., Canani, R.B., Flint, H.J., Salminen, S., Calder, P.C., Sanders, M.E., 2014. Expert consensus document: The International Scientific Association for Probiotics and Prebiotics consensus statement on the scope and appropriate use of the term probiotic. Nat. Rev. Gastroenterol. 11, 506–514. Macmillan Publishers Ltd: Nature Reviews Gastroenterology & Hepatology. Copyright 2014.)

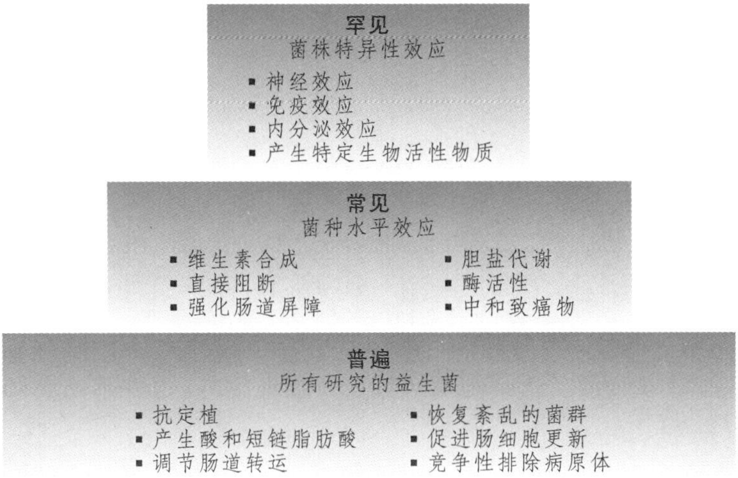

```
                    罕见
              菌株特异性效应
          ■ 神经效应
          ■ 免疫效应
          ■ 内分泌效应
          ■ 产生特定生物活性物质

                    常见
              菌种水平效应
          ■ 维生素合成        ■ 胆盐代谢
          ■ 直接阻断          ■ 酶活性
          ■ 强化肠道屏障      ■ 中和致癌物

                    普遍
              所有研究的益生菌
          ■ 抗定植            ■ 恢复紊乱的菌群
          ■ 产生酸和短链脂肪酸 ■ 促进肠细胞更新
          ■ 调节肠道转运      ■ 竞争性排除病原体
```

图 7.2　一些益生菌的活性在常见益生菌属中普遍存在(底层)。其他活性在大部分菌株中经常出现(中层);部分活性只在少数几个菌株中存在(顶层)。然而,需要更多证据将这些活性与益生菌的健康益处联系起来。

下文。在具体适应证中使用益生菌,菌株是考虑的关键因素(Ritchie 等,2012)。下文总结了目前益生菌对各种胃肠道疾病作用的有力证据。

腹泻和便秘

一项循证医学的系统评价发现,益生菌干预是预防艰难梭菌相关性腹泻的一种安全有效的方法,可将风险降低约 64%。但是,益生菌不一定能有效降低艰难梭菌感染的发生率(Goldenberg 等,2013)。

一项对成人和儿童随机对照试验的综述表明,益生菌可有效治疗急性感染性腹泻:服用益生菌的人在 3 天内腹泻的风险就会下降,平均腹泻时间减少约 30 小时。作者得出结论,益生菌可成为感染性腹泻(例如轮状病毒感染)标准补液疗法的有效辅助剂(Allen 等,2003)。数据还表明:益生菌可以缩短儿童急性胃肠炎的急性腹泻和住院时间(Dinleyici 和 Vandenplas,2014)。

在儿童持续性腹泻(例如来自发展中国家的儿童)的研究中,有证据表明益生菌有效,但疗效并不十分显著。研究显示,益生菌可将腹泻持续时间缩短约 4 天,并可能减少大便次数,并且无不良事件发生(Bernaola Aponte 等,2010)。

在成年人和儿童中,益生菌可帮助缓解便秘。在功能性便秘的成人中,益生菌可以有效增加肠蠕动的频率(Ojetti 等,2014);一项对慢性便秘婴幼儿的随机对照试验发现,益生菌可增加肠蠕动频率,但对大便稠度没有影响(Coccorullo 等,2010)。

炎性肠病

初步证据显示,益生菌可能对溃疡性结肠炎(UC)有益。一项 Meta 分析发现,益生菌可增加活动性 UC 患者的缓解率,且无不良事件发生(Shen 等,2014)。在轻至中度 UC 患者中补充多种益生菌,作为标准药物治疗的辅助用药或许是安全的(Tursi 等,2010)。几项对照试验研究了益生菌对 UC 缓解的维持作用,发现它们在维持症状缓解方面可能达到抗炎药美沙拉嗪的疗效(但并不比该药更有效)(Verna 和 Lucak,2010)。

另一方面,Meta 分析发现,尚无证据表明益生菌能有效维持缓解或预防克罗恩病的复发 (Rahimi 等,2008)。在未经进一步研究前不应在该人群中使用益生菌。益生菌在克罗恩病和 UC 中的不同功效值得进一步研究,并可能为证明这 2 种疾病具有不同的病理生理基础提供依据。

隐窝炎是另一种可以通过益生菌治疗改善的疾病。Meta 分析显示益生菌可有效控制这种疾病,并且某些益生菌制剂具有更好的疗效(Elahi 等,2008;Nikfar 等,2010)。

肠易激综合征

一项包括 21 组随机对照试验的 Meta 分析发现,在肠易激综合征(IBS)患者中,与安慰剂相比,益生菌在控制总体症状和改善生活质量方面效果更明显;然而,益生菌并不能稳定地控制个别症状。有趣的是,IBS 的改善与单一益生菌种类、低剂量和短疗程有关。需要更多的证据来阐明益生菌对 IBS 患者的疗效(Zhang 等,2016b)。

心血管危险因素

在一些与心血管疾病风险有关的因素中,益生菌与临床改善相关。包含了 30 组随机对照试验的 Meta 分析发现:与对照组相比,益生菌使总胆固醇和低密度脂蛋白(LDL)分别下降了 7.8mg/dL 和 7.3mg/dL,而高密度脂蛋白(HDL)或甘油三酯无差别。益生菌对总胆固醇基础水平较高、服用时间更长的个体更加有效;此外,某些益生菌菌株还有更多益处(Cho 和 Kim,2015)。另一项 Meta 分析发现,服用益生菌似乎可以降低总胆固醇、LDL、体重指数(BMI)、腰围和炎症标志物等心血管疾病相关因素的指数,而应用乳酸杆菌则显著降低了 LDL 水平(Sun 和 Buys,2015)。但目前的研究尚无法为这类人群推荐具体的益生菌和用量。

就血压而言,对 9 项试验的系统性分析发现,摄入益生菌使收缩压降低了 3.56mmHg,舒张压降低了 2.38mmHg。多种类比单一种类的益生菌降压作用更明显。因此,益生菌可轻度改善血压,特别是在基础血压升高时,应使用充分剂量的益生菌至少 8 周(Khalesi 等,2014)。

代谢参数

益生菌可能不是减轻体重的有效策略。一项 Meta 分析表明,益生菌对体重或 BMI 没有明显影响,尽管作者承认这些研究的方法学质量较低,并不能得出确切的结论(Park 和 Bae,2015)。

在 2 型糖尿病中,益生菌策略可能会改善许多代谢参数:包含 8 项试验的 Meta 分析发现,益生菌可显著降低糖化血红蛋白的水平和改善 HOMA 胰岛素抵抗(胰岛素抵抗和 β 细胞功能的定量分析),但不影响其他参数,包括空腹血糖水平(Kasińska 和 Drzewoski,2015)。另一项 Meta 分析发现,益生菌确实能降低 2 型糖尿病患者的空腹血糖和糖化血红蛋白,但这与个体特征(如 BMI)以及特定的益生菌菌株和剂量有关(Akbari 和 Hendijani,2016)。

抑郁症

抑郁症是一种以情绪低落为特征、影响日常生活功能的心理状态。在首篇益生菌治疗抑郁症的系统综述和 Meta 分析中,通过各种等级量表衡量发现,益生菌与抑郁症状的减轻相关,特别是对于 60 岁左右或更年轻的人群而言,这种作用更为明显(Huang 等,2016);作者指出,益生菌也可能有助于降低健康人群患抑郁症的风险,但需要更多的研究来证实这种效果。另一项系统综述发现,某些益生菌可减少人类抑郁症和焦虑症的发生,但作者强调,需要进行机制研究以提高其治疗效果(Pirbaglou 等,2016)。

益生菌应用于抑郁症只是目前正在研究的调节大脑功能的几个应用之一。精神益生菌最初被认为是益生菌的一个亚类,即"一种活体微生物,摄入足够的数量时,将对精神疾病患者的健康产生益处"(Dinan 等,2013)。并且最近一些科学家主张扩大这种精神益生菌的范畴,将益生菌和益生元以及其他影响肠道微生物组并产生积极心理健康影响的菌种也纳入其中(Sarkar 等,2016)。迄今为止,益生菌在大脑功能和行为方面的功效已在动物模型中得到了证明。

婴幼儿健康

反流

有限的证据表明,益生菌可能有助于缓解婴幼儿返流。例如,一项研究发现,母乳喂养的婴儿在出生后第 1 个月给予罗伊乳杆菌 DSM17938,有助于预防反流症状(Garofoli 等,2014)。

婴幼儿腹痛

益生菌已被建议作为一种安全的策略来治疗婴幼儿腹痛。最近的 2 项系统综述发现,补充益生菌(罗伊乳杆菌)的婴幼儿平均哭闹时间减少(Harb 等,2016;Schreck Bird 等,2016)。

坏死性小肠结肠炎

循证医学研究显示,补充益生菌显著降低了严重坏死性小肠结肠炎(Ⅱ期或以上)的发病率和死亡率,并且没有增加感染;然而,在极低出生体重的婴幼儿中,疗效尚未得到证实。作者说,尽管配方和剂量仍是有争议的问题,但有证据支持改变目前的早产儿护理策略(AlFaleh 等,2011)。

二代益生菌

在未来,从人类肠道微生物群落中分离出来的菌株可能会作为药物进行测试和管理,这些益生菌统称为二代益生菌、设计型益生菌,或"细菌性药物"。

科学家已经从人类肠道中筛选出几种细菌,它们有望成为二代益生菌。其中最有前景的是嗜黏蛋白-艾克曼菌,一种位于肠道黏液层,能降解黏蛋白的细菌,这种细菌在肥胖和 2 型糖尿病患者中明显减少(Cani 和 Van Hul,2015)。在动物模型中对该细菌进行了许多研究之后,2016 年,研究者首次在人体中进行了活性嗜黏蛋白-艾克曼菌(体外合成培养基中培养)的安全性试验,证实该菌对人类肥胖症和相关代谢问题具有治疗潜力(Plovier 等,2016)。

普拉梭菌是另一种有前景的二代益生菌。作为厚壁菌门中的一种高代谢活性和产丁酸盐的共生菌,它在健康人体的肠道中丰度较高,可能作为肠道健康的一项指标。在患有炎性肠病(IBD)的人群中,普拉梭菌丰度较低。小鼠实验发现,普拉梭菌具有抗炎作用并可以预防结肠炎,尽管机制尚不清楚,但这些细菌具有治疗 IBD 和混合型肠易激综合征的潜力(Miquel 等,2013)。

随着科学家不断地开发这些二代益生菌疗法,他们不仅需要研究补充活菌,还要确保这些细菌在人体胃肠道中能够存活。此外,随着这些产品的发展,监管机构也将面临难题,因为活菌作为药物可能需要为其制定与常规药物不同的标准。

益生元

益生元是另一类可以调节微生物群的化合物。它们作用的核心是为肠道微生物提供生长基质。目前,某些具有益生元特征的化合物同时又属于膳食纤维类,然而,并非所有的膳食纤维都是益生元,因为并非所有的膳食纤维都会导致肠道菌群的特定变化。

益生元的定义最早由 Gibson 和 Roberfroid 于 1995 年提出:未消化的食物成分,选择性地促进结肠中固有的一种或几种细菌的生长和(或)增加其活性,从而促进宿主健康"(Gibson 和 Roberfroid,1995)。该概念在数年间被多次更新,大多数定义都特别指出,益生元必须作用于有益宿主健康的菌群(主要来自双歧杆菌和乳杆菌属)或有助于代谢活动。2010 年的专家会议对益生元提出了新的定义(Gibson 等,2010),但是未再提出对有益细菌有效的要求,因为科学家很难界定肠道菌群中的有益和有害细菌,并且和特定细菌的丰度相比,菌群多样性与健康的联系更为紧密。

为弥补原有定义的不足,2017 年发布了众人期盼的益生元共识定义:"一种有益于健康的、被宿主微生物选择性利用的底物"(Gibson 等,2017)(图 7.3)。该定义要求益生元是被肠道微生物利用的底物,并且有益的生理作用取决于微生物对该化合物的利用。修订版将视线离开了单个物种,如双歧杆菌和乳杆菌等,但是限定了特定宿主中受影响的微生物范围,以满足选择性的标准(即所检测的变化必须是特定的而不是完全改变的生态系统)。事实上,Scott(2013)等人指出细菌交叉喂养(一个物种依靠另一个物种的产物而生存)可能是益生元发挥作用的一种方式,并且益生元促进生长的细菌远不止最初发现的种类。

目前所有已发现的益生元都是糖类,但也不排除有其他化合物。根据新定义,未来益生元的范围将不必局限于糖类,甚至不必局限于膳食化合物。此外,益生元的概念可能也适用于胃肠道以外的身体部位(Gibson 等,2017)。

随着益生元定义的确立,应注意其与益生菌概念的差异。益生菌的概念(如上所述)包含 2 个方面:物质和健康效应;但益生元的概念包括 3 个方面:物质、健康

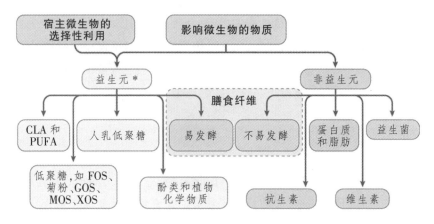

图 7.3 在新的共识定义下区分益生元与其他物质。益生元必须被宿主微生物选择性利用,并对目标宿主(人或动物)具有健康益处。饮食中的益生元不得被目标宿主的酶降解。此图显示了确认的益生元和候选益生元。CLA,共轭亚油酸;FOS,低聚果糖;GOS,低聚半乳糖;MOS,甘露低聚糖;PUFA,多不饱和脂肪酸;XOS,低聚木糖。(From Gibson, G.R., Hutkins, R., Sanders, M.E., Prescott, S.L., Reimer, R.A., Salminen, S.J., Scott, K., Stanton, C., Swanson, K.S., Cani, P.D., Verbeke, L., Reid, G., 2017. Expert consensus document: The International Scientific Association for Probiotics and Prebiotics (ISAPP) consensus statement on the definition and scope of prebiotics. Nat. Rev. Gastroenterol. Hepatol. Macmillan Publishers Ltd: Nature Reviews Gastroenterology & Hepatology. Copyright 2017.)

(心理)效应及其机制。

　　传统意义上来说,益生元主要包括菊粉、低聚果糖(FOS)和低聚半乳糖(GOS),以及其他几种需要进一步研究的候选物。菊粉是一种天然存在于多种植物中的多糖,通常从菊苣中工业化提取。FOS 是来源于食物的低聚糖或通过降解菊粉进行商业生产;它们通常用作低度甜味剂或替代食品中的脂肪。菊粉和 FOS 是果聚糖,天然存在于某些常见食物中,例如洋葱、芹菜、芦笋、洋姜和菊苣根,当以特定量食用时,它们可能具有下文所述的治疗作用。在益生元类别中,还有 GOS,一种由乳糖底物产生的混合物,包含 2~8 个糖基单元。GOS 最常用于补充婴幼儿营养(Torres 等,2010)。另一个可能的益生元是乳果糖,一种由半乳糖和果糖单元组成的合成糖,可以被微生物代谢。许多研究已经发现,这些益生元化合物能以有益的方式影响肠道菌群,但有关益生元对宿主健康的伴随效应,还少有研究。

　　益生元被认为是非常安全的。例如,北欧食品毒理学和风险评估工作组对 FOS 的安全性评估认为:食用 FOS 可能会产生肠胃胀气、腹痛、腹胀和腹泻等不良反应,但对于大多数人来说,在每天摄入的 FOS≤20g 时,很少发生这些不良反应(北欧部长理事会,2000)。

胃肠功能

益生元可能通过在肠道中产生 SCFA 而发挥免疫调节的潜能,但仅有少数的临床研究证明了益生元与免疫功能相关的具体健康益处之间的联系,维护胃肠道健康似乎是益生元最有前景的应用领域。

炎性肠病

一项综述表明益生元具有治疗炎性肠病的潜力(Macfarlane 等,2006),然而还需要更多试验进行证明,目前尚无具体治疗建议。

乳糖不耐受

最近的一项临床试验发现,高纯度的短链 GOS 增加了乳糖不耐症患者粪便中发酵乳糖的双歧杆菌、粪杆菌和乳杆菌的相对丰度,且这些变化与乳糖不耐受的改善有关(Azcarate-Peril 等,2017)。

肠易激综合征

先前的一些研究表明,益生元可能对 IBS 有益处。在最近一项 IBS 患者的临床试验中($n=44$),GOS 不仅促进了双歧杆菌的生长,而且改变了粪便的稠度,并改善了胃肠胀气、腹胀和总体症状评分。在较高剂量下,它也改善了焦虑评分(Silk 等,2009)。

便秘

对于儿童和老年人,益生元都可以有效缓解便秘。在最初的 12 个月中接受了 GOS 配方食品的健康婴儿,其粪便较软,排便次数增加,并随之发生了肠道菌群组成的变化(Sierra 等,2015)。在婴幼儿中联合补充 GOS 和 FOS 的研究也发现了相似的结果 (Costalos 等,2008)。在老年便秘患者中,GOS 似乎增加了排便的频率,但效果因人而异(Teuri 和 Korpela,1998)。

缺铁条件下的钙吸收

动物研究表明(Ohta 等,1995),在缺铁条件下,FOS 饲喂可增加钙、镁和铁的吸收。在健康人中也有初步证据表明,菊粉可能会增加钙的吸收(Coudray 等,1997)。

合生元

合生元是包含至少一种益生菌和一种益生元成分,两种组合成分之间可能具有协同效应,因而得名。从理论上讲,合生元可以通过提供益生菌及促进其生长的物质,增加益生菌在胃肠道中存活的概率,从而使宿主受益。尽管目前尚无共识,但有人认为,合生元应该是指那些"其中的益生元化合物能选择性地促进益生菌生长的产品"(Schrezenmeir 和 de Vrese,2001)。

确定任何 2 种营养成分的联合作用并非易事;很少有研究比较使用合生元与单独使用益生菌和益生元的差别。此外,益生菌对肠道上皮细胞或肠道黏液的良好黏附是有益的,但一项研究发现,市售的益生元倾向于降低益生菌菌株对不同底物的黏附力(Kadlec 等,2014)。

代谢参数

一些合生元可能对改善代谢参数和肥胖有益,但尚缺乏足够证据。系统评价发现,在超重/肥胖的个体中,某些合生元可能具有免疫调节作用,在治疗代谢性内毒素血症中的应用尚需要进一步研究(Chiu 等,2015)。

抗生素

第 5 章中有关抗生素的讨论主要关注了有特殊指征使用抗生素时,对肠道微生物组产生的负面影响。但是最近发现,抗生素和其他药物也可以有目的地用于调节微生物组,以产生需要的健康益处。抗生素被广泛用于感染性疾病的治疗,但新的研究发现,抗生素在一些非感染性疾病中也有疗效(Ianiro 等,2016)。这些将在以下概述;但必须强调的是,鉴于认识到长期使用抗生素的风险和耐药性,临床医生通常不会将使用抗生素调节肠道微生物组作为治疗疾病的最佳方法。

药物相关因素,如抗生素类别、剂量、使用时间和给药途径,可能与抗生素诱导的肠道菌群改变和对疾病的影响有关。迄今为止的研究概述如下。

炎性肠病

在目前的实践中,仅在 IBD 患者发生感染或其他并发症的情况下才建议使用抗生素,但 Meta 分析显示,抗生素比安慰剂更能有效诱导缓解。例如,2011 年的一项 Meta 分析发现,各种抗生素(单独或联合使用)在诱导活动性克罗恩病缓解方面优于安慰剂,同样抗生素也可以诱导活动性 UC 缓解（Khan 等,2011）。2006 年的一项 Meta 分析表明,广谱抗生素尤其可以改善克罗恩病患者的临床结局,但需要进一步临床试验验证。科学家推测,抗生素可以通过降低肠腔内的细菌浓度、减少特定菌群或减少细菌移位来改善 IBD。

肠易激综合征

利福昔明是一种针对胃肠道的口服非全身性广谱抗生素,在治疗 IBS 方面具有一定的功效。在 2 项治疗 IBS(无便秘)患者的随机对照试验中,应用利福昔明 2 周,可使 IBS 患者的总体症状(腹痛、腹胀、大便稀溏或水样)在长达 10 周的时间内得到充分缓解(Pimentel 等,2011)。

肝性脑病

抗生素是治疗肝性脑病(HE)的标准用药。在 HE 患者中,利福昔明联合或不联合乳果糖治疗,比单独使用乳果糖具有更好的疗效(Sharma 等,2013),并且在维持 HE 缓解方面比安慰剂更有效(Bass 等,2010)。

其他药物

越来越多的证据表明,某些药物的治疗作用,至少部分归因于其调节肠道菌群的功效。尽管目前这些药物较少,后续研究可能会发现更多针对肠道菌群的治疗药物,即"针对细菌的药物"。

环磷酰胺

环磷酰胺是一种可治疗多种类型癌症的"老派"药物,可通过刺激抗肿瘤免疫反应发挥作用。新兴证据表明,肠道菌群可增强环磷酰胺的作用。Viaud 等人(2013 年)的小鼠研究表明,环磷酰胺通过改变小肠肠道菌群的组成,从而产生具有抗肿瘤效应的免疫细胞亚群。进一步的研究也支持这个观点:在小鼠中,2 种共生菌海氏肠球菌和肠道巴恩斯菌增强了该药的抗癌效果,而在接受化学免疫疗法的肺癌和卵巢癌患者中,对海氏肠球菌和肠道巴恩斯菌产生的特异性免疫反应预示了更长的缓解生存期(Daillère 等,2016)。

新型免疫治疗药物

近年来,免疫治疗药物作为抗肿瘤 T 细胞反应的有效刺激剂,使癌症治疗发生了革命性的变化。更多的证据表明,肠道特定菌群会影响这些药物的功效。细胞毒性 T 淋巴细胞抗原 4(CTLA-4)阻断剂是这类药物之一,研究人员在小鼠和人类中研究该药物时发现,多形拟杆菌或脆弱拟杆菌引起的特异性 T 细胞应答与药物疗效增强相关,在无菌小鼠中则无此疗效,这表明特定的拟杆菌属在药物的免疫刺激效应中发挥了重要作用(Vetiou 等,2015)。

二甲双胍

二甲双胍是 2 型糖尿病患者常用的处方药。该药物具有调节肠道菌群的能力,特别是能增加嗜黏蛋白-艾克曼菌属细菌的丰度,从而改善胰岛素反应(Shin 等,2014)。Forslund 等人对大量 2 型糖尿病患者进行了研究,发现肠道微生物组(特别是产丁酸和丙酸的潜能)参与了二甲双胍的治疗作用,因为二甲双胍增加了肠道菌群中产丁酸的菌群。

粪菌移植

粪菌移植(FMT)是将粪便制剂从健康供体转移给另一个体。尽管作用机制仍然未知,但从理论上讲,FMT 的作用原理是提供一个稳定的微生物群落(虽然特征尚不清楚)来重新恢复结肠的种群。据报道 FMT 被用于多种疾病的治疗,但从科学的角度来看,目前只有在少数情况下具有应用价值(如下所述)。FMT 的自移植是可能的,但由于尚不清楚其长期风险,因此受到健康专业人士的强烈反对。个案报道发现,一名女性因治疗艰难梭菌反复感染,从健康但超重的供体接受 FMT 后体重迅速增加(Alang 和 Kelly,2015)。尽管 FMT 中心不断完善捐献者的筛选过程,但长期研究可能会发现 FMT 的其他风险。

复发性艰难梭菌感染

最初的 FMT 是作为艰难梭菌感染(CDI)标准抗生素治疗失败后的替代疗法。最近的一项 Meta 分析指出,FMT 是复发性 CDI 很有前景的一种疗法,在许多研究中其总体效率约为 90%,但尚未掌握其安全性,医生也尚未了解哪些患者对此疗法最敏感(Kassam 等,2013)。首次随机对照试验发现,有 90.9%接受供体 FMT 的患者达到了临床治愈,而在接受自体 FMT 的患者中这一比例只有 62.5%;没有发生与 FMT 相关的重大不良反应(Kelly 等,2016)。对受试者的肠道微生物群落特征进一步的研究发现,只要重要的功能类群能改善临床结局,就不需要整体移植供体粪菌(Staley 等,2016)。甚至,在一项初步研究中,CDI 患者没有接受 FMT,

仅接受了供体粪便的无菌滤液移植,结果发现这些滤液[含有细菌裂解成分,代谢产物和(或)噬菌体]足以改善临床症状(Ott等,2017)。

炎性肠病

最近2项随机对照试验为FMT治疗IBD(尤其是UC)增加了有力证据。在第1项研究中,活动性UC患者每周进行FMT,持续6周,其缓解程度明显高于安慰剂组(水灌肠剂),不良反应方面没有差别。在这项研究中,特定捐赠者的粪便和最近确诊的UC患者这2个因素都与更好的疗效有关(Moayyedi等,2015)。然而在第2项研究中,Rossen等人(2015)对UC患者的研究发现,接受供体FMT的患者和接受自体FMT的患者在缓解方面无显著差异;然而,疗效较好者具有不同的肠道菌群特征。2项试验之间的一些差异可能导致了不同的结果:例如,不同的给药途径(灌肠与鼻十二指肠管)。FMT在UC治疗中具有巨大的治疗前景,目前正在持续研究中,但当前尚无足够的数据支持对IBD患者进行常规FMT治疗。

其他疾病

FMT的作用也在其他几种与肠道菌群相关的疾病中进行了研究,包括代谢综合征。在一项人体试验中,将消瘦供体的肠道菌群移植给患有代谢综合征的个体,该处理增加了胰岛素敏感性和产丁酸盐细菌的水平,但这些作用并不持久(Vrieze等,2012)。有数据表明,肠道菌群多样性可以预测同种异体造血干细胞移植(allo-HSCT)受者的死亡率(Taur等,2014),故现有临床试验正在研究allo-HSCT后进行FMT是否可以增强临床疗效并增加其生存率。

微生物合剂

目前,有几家公司正在推进FMT的替代方案:微生物合剂用以治疗复发性CDI和其他疾病。这种合剂包含从肠道中获取的多种细菌,其可归为益生菌,但被作为药品来检测和管理(Hill等,2014)。一项最先公开的商业试验尝试使用"合成"FMT治疗复发性CDI,但其效果却低于预期(van der Lelie等,2017)。尽管迄今为止的研究结果令人失望,但综合考虑FMT未知的长期风险、标准化和安全性的要求、待探索的机制以及监管机构的最终需要,所以这项研究将会继续进行。

目前有几家公司正在开发一种"定制"的益生菌合剂,旨在调节人体免疫反应,但迄今为止,似乎只有部分患者对这种疗法有反应。这一问题引起了人们对肠道微生物组高度复杂性的关注,需要更好地了解主要菌株之间的相互作用,从而改善这些肠道菌群的植入效果(van der Lelie 等,2017)。

微生物合剂可来源于多种方式,例如,从健康供体(例如曾提供粪便治愈复发性 CDI 的人)中分离出纯的粪便微生物,并制备出具有潜在治疗效果的固定混合物(Martz 等,2015)。最近,来自德国的研究人员采用新型方法开发了一种小鼠肠道细菌群落,其定植抗性明显增强(Brugiroux 等,2016)。最初,他们研究了 12 种稳定定植于小鼠肠道的细菌群落的作用,发现其对人类病原体鼠伤寒沙门菌的感染只起到了部分保护作用。接着,他们对这 12 种菌株进行了功能基因分析,并将其与常规肠道菌群进行了比较。他们从中发现了 12 株菌群中缺失的功能,由此开发出一种改进的细菌群落,其中包括另外 3 株兼性厌氧菌。当在无菌小鼠中建立这个新的群落时,它成功地提供了定植抗性,这表明基于功能潜能而设计细菌群落可能是一种有效的方法,可以精准地确定对健康状况有重要改善作用的菌群。

未来通过调控肠道菌群治疗疾病的其他方法

胃旁路手术

对于 BMI≥40 的人,减肥手术是一种有效的方法,但令人惊讶的是,研究人员目前尚未完全阐明该手术是如何成功地长期诱导体重减轻。2013 年的一项研究发现了一个有趣的结果,roux-en-Y 胃旁路术(RYGB)重建了小鼠的肠道菌群,而假手术方式则不能,并且重建后的埃希菌属和艾克曼菌属丰度持续增加。而且,从接受 RYGB 手术的小鼠中转移菌群到无菌小鼠体内,可使后者体重减轻(Liou 等,2013)。另外,2015 年的一项研究,10 年前行减肥手术的女性(自那时起一直保持较低体重),其肠道菌群与手术前相比存在持续变化,因此,术后体重的维持与肠道菌群的独特组成和功能有关(Tremaroli 等,2015)。目前尚在研究胆汁酸在这些效果中的作用机制。在小鼠中,胃旁路手术增加了胆汁酸循环,这与术后体重减轻有关(Myronovych 等,2014),另外手术的有益代谢作用似乎需要通过胆汁酸受体 FXR 进行完整的信号传递,这似乎是造成手术后肠道菌群变化的原因之一(Zhang 等,2016a)。

中国传统食品和药品

过去 10 年进行的中国宏基因组学计划对使用了数百年的传统食物和药物进行了研究。研究发现,高谷类食品、传统中药食品和益生元使肥胖儿童的体重显著减轻,并降低了全身炎症反应,使肠道菌群的结构和功能发生改变。当这些菌群转移到无菌小鼠时,与干预前的菌群相比,干预后的菌群使炎症程度显著减轻(Zhang 等,2015)。

此外,小檗碱是中草药黄连的一种成分,动物实验表明,小檗碱在改善 2 型糖尿病中具有应用前景。在高脂饮食大鼠中,小檗碱可以预防肥胖和胰岛素抵抗;并使这些大鼠的食物摄入减少,产 SCFA 细菌和粪便 SCFA 浓度均升高(Zhang 等,2012)。

蠕虫

据世界卫生组织估计,全世界约有 15 亿人感染了经土壤传播的蠕虫(Anon,2017),研究人员对这些寄生虫的免疫调节作用及其与肠道菌群的关系逐渐产生兴趣。蠕虫在马来西亚人中的定植与后者肠道菌群的物种丰度、菌群分类单元数量及普氏菌属的富集有关(Ramanan 等,2016)。

蠕虫与某些疾病(包括过敏、IBD 和乳糜泻)的患病率降低相关。例如,IBD 在蠕虫流行地区的患病率减少。在啮齿动物中,学者们正在探索疾病风险与蠕虫介导的肠道菌群调节之间的联系。在克罗恩病小鼠模型中,蠕虫感染增强了小鼠对炎性拟杆菌属定植的抵抗力,避免了基因易感小鼠罹患肠道疾病(Ramanan 等,2016)。另一项研究使用蠕虫来治疗乳糜泻的患者,发现这些蠕虫可以通过抑制促炎反应来提高这些人对麸质的耐受性。学者们还指出,摄入麸质后菌群种类增加,可能是钩虫调控麸质诱发的炎症反应的部分机制(Giacomin 等,2015)。

全肠内营养

全肠内营养(EEN,通常经管饲直接将所有饮食送入胃肠道)可以缓解儿童克罗恩病,并引起肠道微生物组的变化(Quince 等,2015)。在一项研究中,研究人员能够根据微生物群落的基线状况预测 EEN 后的持续缓解;而那些没有持续缓解的患者,其微生物群落中含有大量的变形杆菌成分(Dunn 等,2016)。

益生菌在健康中的作用

除非是经过精心设计的长期研究,否则很难在健康人中证明摄入益生菌的益处。但是,除了本章所详细介绍的益生菌的潜在治疗用途外,还有一些证据表明使用益生菌可以预防许多疾病。下面介绍了在这些疾病中预防性使用益生菌的益处。

上呼吸道感染

上呼吸道感染(URTI),包括通常由病毒引起的普通感冒。一项循证医学研究发现,与安慰剂相比,益生菌可以预防 URTI 和降低急性 URTI 时抗生素的使用率。它的副作用包括轻微的胃肠道症状(Hao 等,2011)。

抗生素相关性腹泻

抗生素相关性腹泻(AAD)常表现为频繁的水样便和腹痛,可能在使用抗生素后发生。在接受抗生素治疗的 0~18 岁的儿童及青少年中,摄入益生菌可能能够预防 AAD。特别是鼠李糖乳杆菌或布拉酵母菌,其适宜剂量是每天 5 亿~400 亿菌落形成单位(Goldenberg 等,2015)。

过敏及湿疹

最近的一项系统综述和 Meta 分析显示,母亲在妊娠的第 3 个月或者哺乳时摄入益生菌,能减少婴幼儿湿疹;但益生菌似乎不能减少过敏的发病率(Cuello-Garcia 等,2015)。

(李青 闫丽 译)

参考文献

Akbari, V., Hendijani, F., 2016. Effects of probiotic supplementation in patients with type 2 diabetes: systematic review and meta-analysis. Nutr. Rev. 74 (12), 774–784. Available from: http://www.ncbi.nlm.nih.gov/pubmed/27864537.

Alang, N., Kelly, C.R., 2015. Weight gain after fecal microbiota transplantation. Open Forum Infect. Dis. 2 (1), ofv004. Available from: https://academic.oup.com/ofid/article-lookup/doi/10.1093/ofid/ofv004.

AlFaleh, K., et al., 2011. Probiotics for prevention of necrotizing enterocolitis in preterm infants. In: AlFaleh, K. (Ed.), Cochrane Database of Systematic Reviews, John Wiley & Sons, Chichester p. CD005496. Available from: http://www.ncbi.nlm.nih.gov/pubmed/21412889.

Allen, S.J., et al., 2003. Probiotics for treating infectious diarrhoea. In: Allen, S.J. (Ed.), Cochrane Database of Systematic Reviews, John Wiley & Sons, Chichester p. CD003048. Available from: http://www.ncbi.nlm.nih.gov/pubmed/15106189.

Anon, 2017. WHO | Soil-transmitted helminth infections. WHO. Available from: http://www.who.int/mediacentre/factsheets/fs366/en/.

Azcarate-Peril, M.A., et al., 2017. Impact of short-chain galactooligosaccharides on the gut microbiome of lactose-intolerant individuals. Proc. Natl. Acad. Sci. U. S. A. 114 (3), E367–E375. Available from: http://www.ncbi.nlm.nih.gov/pubmed/28049818.

Bass, N.M., et al., 2010. Rifaximin treatment in hepatic encephalopathy. N. Engl. J. Med. 362 (12), 1071–1081. Available from: http://www.nejm.org/doi/abs/10.1056/NEJMoa0907893.

Bernaola Aponte, G., et al., 2010. Probiotics for treating persistent diarrhoea in children. In: Bernaola Aponte, G. (Ed.), Cochrane Database of Systematic Reviews, John Wiley & Sons, Chichester p. CD007401. Available from: http://www.ncbi.nlm.nih.gov/pubmed/21069693.

Brugiroux, S., et al., 2016. Genome-guided design of a defined mouse microbiota that confers colonization resistance against *Salmonella enterica* serovar Typhimurium. Nat. Microbiol. 2, 16215. Available from: http://www.nature.com/articles/nmicrobiol2016215.

Cani, P.D., Van Hul, M., 2015. Novel opportunities for next-generation probiotics targeting metabolic syndrome. Curr. Opin. Biotechnol. 32, 21–27. Available from: http://linkinghub.elsevier.com/retrieve/pii/S0958166914001748.

Chiu, W.-C., et al., 2015. Synbiotics reduce ethanol-induced hepatic steatosis and inflammation by improving intestinal permeability and microbiota in rats. Food Funct. 6 (5), 1692–1700. Available from: http://xlink.rsc.org/?DOI=C5FO00104H.

Cho, Y.A., Kim, J., 2015. Effect of probiotics on blood lipid concentrations: a meta-analysis of randomized controlled trials. Medicine 94 (43), e1714. Available from: http://www.ncbi.nlm.nih.gov/pubmed/26512560.

Chumpitazi, B.P., et al., 2015. Randomised clinical trial: gut microbiome biomarkers are associated with clinical response to a low FODMAP diet in children with the irritable bowel syndrome. Aliment. Pharmacol. Ther. 42 (4), 418–427. Available from: http://doi.wiley.com/10.1111/apt.13286.

Coccorullo, P., et al., 2010. Lactobacillus reuteri (DSM 17938) in infants with functional chronic constipation: a double-blind, randomized, placebo-controlled study. J. Pediatr. 157 (4), 598–602. Available from: http://www.ncbi.nlm.nih.gov/pubmed/20542295.

Costalos, C., et al., 2008. The effect of a prebiotic supplemented formula on growth and stool microbiology of term infants. Early Hum. Dev. 84 (1), 45–49. Available from: http://www.ncbi.nlm.nih.gov/pubmed/17433577.

Coudray, C., et al., 1997. Effect of soluble or partly soluble dietary fibres supplementation on absorption and balance of calcium, magnesium, iron and zinc in healthy young men. Eur. J. Clin. Nutr. 51 (6), 375–380. Available from: http://www.ncbi.nlm.nih.gov/pubmed/9192195.

Cuello-Garcia, C.A., et al., 2015. Probiotics for the prevention of allergy: a systematic review and meta-analysis of randomized controlled trials. J. Allergy Clin. Immunol. 136 (4), 952–961. Available from: http://www.ncbi.nlm.nih.gov/pubmed/26044853.

Daillère, R., et al., 2016. *Enterococcus hirae* and *Barnesiella intestinihominis* facilitate cyclophosphamide-induced therapeutic immunomodulatory effects. Immunity 45 (4), 931–943. Available from: http://www.ncbi.nlm.nih.gov/pubmed/27717798.

Dinan, T.G., et al., 2013. Psychobiotics: a novel class of psychotropic. Biol. Psychiatry 74 (10), 720–726. Available from: http://www.ncbi.nlm.nih.gov/pubmed/23759244.

Dinleyici, E.C., Vandenplas, Y., 2014. *Lactobacillus reuteri* DSM 17938 effectively reduces the duration of acute diarrhoea in hospitalised children. Acta Paediatr. 103 (7). Available from: http://doi.wiley.com/10.1111/apa.12617.

Dunn, K.A., et al., 2016. Early changes in microbial community structure are associated with sustained remission after nutritional treatment of pediatric Crohn's disease. Inflamm. Bowel Dis. 22 (12), 2853–2862. Available from: http://www.ncbi.nlm.nih.gov/pubmed/27805918.

Elahi, B., et al., 2008. On the benefit of probiotics in the management of pouchitis in patients underwent ileal pouch anal anastomosis: a meta-analysis of controlled clinical trials. Dig. Dis. Sci. 53 (5), 1278–1284. Available from: http://www.ncbi.nlm.nih.gov/pubmed/17940902.

Eswaran, S.L., et al., 2016. A randomized controlled trial comparing the low FODMAP diet vs. modified NICE guidelines in US adults with IBS-D. Am. J. Gastroenterol. 111 (12), 1824–1832. Available from: http://www.nature.com/doifinder/10.1038/ajg.2016.434.

FAO/WHO, 2001. Health and nutritional properties of probiotics in food including powder milk with live lactic acid bacteria. Available from: ftp://ftp.fao.org/es/esn/food/probio_report_en.pdf.

Forslund, K., et al., 2015. Disentangling type 2 diabetes and metformin treatment signatures in the human gut microbiota. Nature 528 (7581), 262–266. Available from: http://www.nature.com/doifinder/10.1038/nature15766.

Garofoli, F., et al., 2014. The early administration of *Lactobacillus reuteri* DSM 17938 controls regurgitation episodes in full-term breastfed infants. Int. J. Food Sci. Nutr. 65 (5), 646–648. Available from: http://www.tandfonline.com/doi/full/10.3109/09637486.2014.898251.

Giacomin, P., et al., 2015. Experimental hookworm infection and escalating gluten challenges are associated with increased microbial richness in celiac subjects. Sci. Rep. 5 (1), 13797. Available from: http://www.ncbi.nlm.nih.gov/pubmed/26381211.

Gibson, G.R., et al., 2017. Expert consensus document: The International Scientific Association for Probiotics and Prebiotics (ISAPP) consensus statement on the definition and scope of prebiotics. Nat. Rev. Gastroenterol. Hepatol.

Gibson, G.R., Roberfroid, M.B., 1995. Dietary modulation of the human colonic microbiota: introducing the concept of prebiotics. J. Nutr. 125 (6), 1401–1412. Available from: http://www.ncbi.nlm.nih.gov/pubmed/7782892.

Gibson, G.R., et al., 2010. Dietary prebiotics: current status and new definition. Available from: http://centaur.reading.ac.uk/17730/.

Goldenberg, J.Z., et al., 2013. Probiotics for the prevention of *Clostridium difficile*-associated diarrhea in adults and children. In: Johnston, B.C. (Ed.), Cochrane Database of Systematic Reviews, John Wiley & Sons, Chichester p. CD006095. Available from: http://www.ncbi.nlm.nih.gov/pubmed/23728658.

Goldenberg, J.Z., et al., 2015. Probiotics for the prevention of pediatric antibiotic-associated diarrhea. In: Johnston, B.C. (Ed.), Cochrane Database of Systematic Reviews. John Wiley & Sons, Chichester. Available from: http://doi.wiley.com/10.1002/14651858.CD004827.pub4.

Halmos, E.P., et al., 2015. Diets that differ in their FODMAP content alter the colonic luminal microenvironment. Gut 64 (1), 93–100.

Hao, Q., et al., 2011. Probiotics for preventing acute upper respiratory tract infections. In: Dong, B.R. (Ed.), Cochrane Database of Systematic Reviews, John Wiley & Sons, Chichester p. CD006895. Available from: http://www.ncbi.nlm.nih.gov/pubmed/21901706.

Harb, T., et al., 2016. Infant colic—what works. J. Pediatr. Gastroenterol. Nutr. 62 (5), 668–686. Available from: http://www.ncbi.nlm.nih.gov/pubmed/26655941.

Hill, C., et al., 2014. Expert consensus document: The International Scientific Association for Probiotics and Prebiotics consensus statement on the scope and appropriate use of the term probiotic. Nat. Rev. Gastroenterol. Hepatol. 11 (8), 506–514. Available from: http://www.nature.com/doifinder/10.1038/nrgastro.2014.66.

Huang, R., Wang, K., Hu, J., 2016. Effect of probiotics on depression: a systematic review and meta-analysis of randomized controlled trials. Nutrients 8 (8). Available from: http://www.ncbi.nlm.nih.gov/pubmed/27509521.

Ianiro, G., Tilg, H., Gasbarrini, A., 2016. Antibiotics as deep modulators of gut microbiota: between good and evil. Gut 65 (11), 1906–1915. Available from: http://gut.bmj.com/lookup/doi/10.1136/gutjnl-2016-312297.

Kadlec, R., et al., 2014. The effect of prebiotics on adherence of probiotics. J. Dairy Sci. 97 (4), 1983–1990. Available from: http://www.ncbi.nlm.nih.gov/pubmed/24485681.

Kasińska, M.A., Drzewoski, J., 2015. Effectiveness of probiotics in type 2 diabetes: a meta-analysis. Pol. Arch. Med. Wewn. 125 (11), 803–813. Available from: http://www.ncbi.nlm.nih.gov/pubmed/26431318.

Kassam, Z., et al., 2013. Fecal microbiota transplantation for *Clostridium difficile* infection: systematic review and meta-analysis. Am. J. Gastroenterol. 108 (4), 500–508. Available from: http://www.ncbi.nlm.nih.gov/pubmed/23511459.

Kelly, C.R., et al., 2016. Effect of fecal microbiota transplantation on recurrence in multiply recurrent *Clostridium difficile* infection. Ann. Intern. Med. 165 (9), 609. Available from: http://annals.org/article.aspx?doi=10.7326/M16-0271.

Khalesi, S., et al., 2014. Effect of probiotics on blood pressure: a systematic review and meta-analysis of randomized, controlled trials. Hypertension 64 (4), 897–903. Available from: http://www.ncbi.nlm.nih.gov/pubmed/25047574.

Khan, K.J., et al., 2011. Antibiotic therapy in inflammatory bowel disease: a systematic review and meta-analysis. Am. J. Gastroenterol. 106 (4), 661–673. Available from: http://www.ncbi.nlm.nih.gov/pubmed/21407187.

Kristensen, N.B., et al., 2016. Alterations in fecal microbiota composition by probiotic supplementation in healthy adults: a systematic review of randomized controlled trials. Genome Med. 8 (1), 52. Available from: http://genomemedicine.biomedcentral.com/articles/10.1186/s13073-016-0300-5.

Liou, A.P., et al., 2013. Conserved shifts in the gut microbiota due to gastric bypass reduce host weight and adiposity. Sci. Transl. Med. 5 (178), 178ra41. Available from: http://www.ncbi.nlm.nih.gov/pubmed/23536013.

Macfarlane, S., Macfarlane, G.T., Cummings, J.H., 2006. Review article: prebiotics in the gastrointestinal tract. Aliment. Pharmacol. Ther. 24 (5), 701–714. Available from: http://doi.wiley.com/10.1111/j.1365-2036.2006.03042.x.

Marteau, P., 2001. Safety aspects of probiotic products. Näringsforskning 45 (1), 22–24. Available from: https://www.tandfonline.com/doi/full/10.3402/fnr.v45i0.1785.

Martz, S.-L.E., et al., 2015. Administration of defined microbiota is protective in a murine Salmonella infection model. Sci. Rep. 5, 16094. Available from: http://www.ncbi.nlm.nih.gov/pubmed/26531327.

Miquel, S., et al., 2013. *Faecalibacterium prausnitzii* and human intestinal health. Curr. Opin. Microbiol. 16 (3), 255–261. Available from: http://linkinghub.elsevier.com/retrieve/pii/S1369527413000775.

Moayyedi, P., et al., 2015. Fecal microbiota transplantation induces remission in patients with active ulcerative colitis in a randomized controlled trial. Gastroenterology 149 (1), 102–109.e6. Available from: http://linkinghub.elsevier.com/retrieve/pii/S0016508515004515.

Myronovych, A., et al., 2014. Vertical sleeve gastrectomy reduces hepatic steatosis while increasing serum bile acids in a weight-loss-independent manner. Obesity 22 (2), 390–400. Available from: http://www.ncbi.nlm.nih.gov/pubmed/23804416.

Nikfar, S., Darvish-Da, M., Abdollahi, M., 2010. A review and meta-analysis of the efficacy of antibiotics and probiotics in management of pouchitis. Int. J. Pharmacol. 6 (6), 826–835. Available from: http://www.scialert.net/abstract/?doi=ijp.2010.826.835.

Nordic Council of Ministers, 2000. Safety Evaluation of Fructans. Nordic Council of Ministers, Copenhagen.

Ohta, A., et al., 1995. Effects of fructooligosaccharides on the absorption of iron, calcium and magnesium in iron-deficient anemic rats. J. Nutr. Sci. Vitaminol. 41 (3), 281–291. Available from: http://www.ncbi.nlm.nih.gov/pubmed/7472673.

Ojetti, V., et al., 2014. The effect of *Lactobacillus reuteri* supplementation in adults with chronic functional constipation: a randomized, double-blind, placebo-controlled trial. J. Gastrointestin. Liver Dis. 23 (4), 387–391. Available from: http://www.ncbi.nlm.nih.gov/pubmed/25531996.

Ott, S.J., et al., 2017. Efficacy of sterile fecal filtrate transfer for treating patients with *Clostridium difficile* infection. Gastroenterology 152 (4), 799–811.e7. Available from: http://linkinghub.elsevier.com/retrieve/pii/S0016508516353549.

Park, S., Bae, J.-H., 2015. Probiotics for weight loss: a systematic review and meta-analysis. Nutr. Res. 35 (7), 566–575. Available from: http://www.ncbi.nlm.nih.gov/pubmed/26032481.

Pimentel, M., et al., 2011. Rifaximin therapy for patients with irritable bowel syndrome without constipation. N. Engl. J. Med. 364 (1), 22–32. Available from: http://www.nejm.org/doi/abs/10.1056/NEJMoa1004409.

Pirbaglou, M., et al., 2016. Probiotic supplementation can positively affect anxiety and depressive symptoms: a systematic review of randomized controlled trials. Nutr. Res. 36 (9), 889–898. Available from: http://www.ncbi.nlm.nih.gov/pubmed/27632908.

Plovier, H., et al., 2016. A purified membrane protein from *Akkermansia muciniphila* or the pasteurized bacterium improves metabolism in obese and diabetic mice. Nat. Med. 23 (1), 107–113. Available from: http://www.nature.com/doifinder/10.1038/nm.4236.

Quince, C., et al., 2015. Extensive modulation of the fecal metagenome in children with Crohn's disease during exclusive enteral nutrition. Am. J. Gastroenterol. 110 (12), 1718–1729. Available from: http://www.ncbi.nlm.nih.gov/pubmed/26526081.

Rahimi, R., et al., 2006. A meta-analysis of broad-spectrum antibiotic therapy in patients with active Crohn's disease. Clin. Ther. 28 (12), 1983–1988. Available from: http://www.ncbi.nlm.nih.gov/pubmed/17296455.

Rahimi, R., et al., 2008. A meta-analysis on the efficacy of probiotics for maintenance of remission and prevention of clinical and endoscopic relapse in Crohn's disease. Dig. Dis. Sci. 53 (9), 2524–2531. Available from: http://www.ncbi.nlm.nih.gov/pubmed/18270836.

Ramanan, D., et al., 2016. Helminth infection promotes colonization resistance via type 2 immunity. Science 352 (6285), 608–612. Available from: http://www.ncbi.nlm.nih.gov/pubmed/27080105.

Ritchie, M.L., et al., 2012. A meta-analysis of probiotic efficacy for gastrointestinal diseases. In: Heimesaat, M.M. (Ed.), PLoS One 7 (4), e34938. Available from: http://dx.plos.org/10.1371/journal.pone.0034938.

Rossen, N.G., et al., 2015. Findings from a randomized controlled trial of fecal transplantation for patients with ulcerative colitis. Gastroenterology 149 (1), 110–118.e4. Available from: http://www.ncbi.nlm.nih.gov/pubmed/25836986.

Sarkar, A., et al., 2016. Psychobiotics and the manipulation of bacteria-gut-brain signals. Trends Neurosci. 39 (11), 763–781. Available from: http://www.ncbi.nlm.nih.gov/pubmed/27793434.

Sartor, R.B., et al., 2004. Therapeutic manipulation of the enteric microflora in inflammatory bowel diseases: antibiotics, probiotics, and prebiotics. Gastroenterology 126 (6), 1620–1633. Available from: http://linkinghub.elsevier.com/retrieve/pii/S0016508504004561.

Schreck Bird, A., et al., 2016. Probiotics for the treatment of infantile colic: a systematic review. J. Pharm. Pract. Available from: http://www.ncbi.nlm.nih.gov/pubmed/26940647.

Schrezenmeir, J., de Vrese, M., 2001. Probiotics, prebiotics, and synbiotics—approaching a definition. Am. J. Clin. Nutr. 73 (2 Suppl.), 361S–364S. Available from: http://www.ncbi.nlm.nih.gov/pubmed/11157342.

Scott, K.P., et al., 2013. The influence of diet on the gut microbiota. Pharmacol. Res. 69 (1), 52–60. Available from: http://www.ncbi.nlm.nih.gov/pubmed/23147033.

Sharma, B.C., et al., 2013. A randomized, double-blind, controlled trial comparing rifaximin plus lactulose with lactulose alone in treatment of overt hepatic encephalopathy. Am. J. Gastroenterol. 108 (9), 1458–1463. Available from: http://www.ncbi.nlm.nih.gov/pubmed/23877348.

Shen, J., Zuo, Z.-X., Mao, A.-P., 2014. Effect of probiotics on inducing remission and maintaining therapy in ulcerative colitis, Crohn's disease, and pouchitis: meta-analysis of randomized controlled trials. Inflamm. Bowel Dis. 20 (1), 21–35. Available from: http://www.ncbi.nlm.nih.gov/pubmed/24280877.

Shin, N.-R., et al., 2014. An increase in the *Akkermansia* spp. population induced by metformin treatment improves glucose homeostasis in diet-induced obese mice. Gut 63 (5), 727–735. Available from: http://gut.bmj.com/lookup/doi/10.1136/gutjnl-2012-303839.

Sierra, C., et al., 2015. Prebiotic effect during the first year of life in healthy infants fed formula containing GOS as the only prebiotic: a multicentre, randomised, double-blind and placebo-controlled trial. Eur. J. Nutr. 54 (1), 89–99. Available from: http://www.ncbi.nlm.nih.gov/pubmed/24671237.

Silk, D.B.A., et al., 2009. Clinical trial: the effects of a trans-galactooligosaccharide prebiotic on faecal microbiota and symptoms in irritable bowel syndrome. Aliment. Pharmacol. Ther. 29 (5), 508–518. Available from: http://www.ncbi.nlm.nih.gov/pubmed/19053980.

Staley, C., et al., 2016. Complete microbiota engraftment is not essential for recovery from recurrent *Clostridium difficile* infection following fecal microbiota transplantation. MBio 7 (6), e01965–16. Available from: http://www.ncbi.nlm.nih.gov/pubmed/27999162.

Sun, J., Buys, N., 2015. Effects of probiotics consumption on lowering lipids and CVD risk factors: a systematic review and meta-analysis of randomized controlled trials. Ann. Med. 47 (6), 430–440. Available from: http://www.ncbi.nlm.nih.gov/pubmed/26340330.

Taur, Y., et al., 2014. The effects of intestinal tract bacterial diversity on mortality following allogeneic hematopoietic stem cell transplantation. Blood 124 (7), 1174–1182. Available from: http://www.ncbi.nlm.nih.gov/pubmed/24939656.

Teuri, U., Korpela, R., 1998. Galacto-oligosaccharides relieve constipation in elderly people. Ann. Nutr. Metab. 42 (6), 319–327. Available from: http://www.ncbi.nlm.nih.gov/pubmed/9895419.

Torres, D.P.M., et al., 2010. Galacto-oligosaccharides: production, properties, applications, and significance as prebiotics. Compr. Rev. Food Sci. Food Saf. 9 (5), 438–454. Available from: http://doi.wiley.com/10.1111/j.1541-4337.2010.00119.x.

Tremaroli, V., et al., 2015. Roux-en-Y gastric bypass and vertical banded gastroplasty induce long-term changes on the human gut microbiome contributing to fat mass regulation. Cell Metab. 22 (2), 228–238. Available from: http://www.ncbi.nlm.nih.gov/pubmed/26244932.

Tursi, A., et al., 2010. Treatment of relapsing mild-to-moderate ulcerative colitis with the probiotic VSL#3 as adjunctive to a standard pharmaceutical treatment: a double-blind, randomized, placebo-controlled study. Am. J. Gastroenterol. 105 (10), 2218–2227. Available from: http://www.ncbi.nlm.nih.gov/pubmed/20517305.

van der Lelie, D., et al., 2017. The microbiome as a source of new enterprises and job creation: considering clinical faecal and synthetic microbiome transplants and therapeutic regulation. Microb. Biotechnol. 10 (1), 4–5. Available from: http://doi.wiley.com/10.1111/1751-7915.12597.

Verna, E.C., Lucak, S., 2010. Use of probiotics in gastrointestinal disorders: what to recommend? Ther. Adv. Gastroenterol. 3 (5), 307–319. Available from: http://www.ncbi.nlm.nih.gov/pubmed/21180611.

Vetizou, M., et al., 2015. Anticancer immunotherapy by CTLA-4 blockade relies on the gut microbiota. Science 350 (6264), 1079–1084. Available from: http://www.sciencemag.org/cgi/doi/10.1126/science.aad1329.

Viaud, S., et al., 2013. The intestinal microbiota modulates the anticancer immune effects of cyclophosphamide. Science 342 (6161), 971–976. Available from: http://www.ncbi.nlm.nih.gov/pubmed/24264990.

Vrieze, A., et al., 2012. Transfer of intestinal microbiota from lean donors increases insulin sensitivity in individuals with metabolic syndrome. Gastroenterology 143 (4), 913–916.e7. Available from: http://www.ncbi.nlm.nih.gov/pubmed/22728514.

Zhang, X., et al., 2012. Structural changes of gut microbiota during berberine-mediated prevention of obesity and insulin resistance in high-fat diet-fed rats. In: Sanz, Y. (Ed.), PLoS One 7 (8), e42529. Available from: http://dx.plos.org/10.1371/journal.pone.0042529.

Zhang, C., et al., 2015. Dietary modulation of gut microbiota contributes to alleviation of both genetic and simple obesity in children. EBioMedicine 2 (8), 968–984.

Zhang, L., et al., 2016a. Farnesoid X receptor signaling shapes the gut microbiota and controls hepatic lipid metabolism. mSystems 1 (5). Available from: http://msystems.asm.org/content/1/5/e00070-16.

Zhang, Y., et al., 2016b. Effects of probiotic type, dose and treatment duration on irritable bowel syndrome diagnosed by Rome III criteria: a meta-analysis. BMC Gastroenterol. 16 (1), 62. Available from: http://www.ncbi.nlm.nih.gov/pubmed/27296254.

第 8 章
实用饮食建议

> **目的**
> - 了解营养师和营养学家对于肠道菌群常见问题的解答。
> - 理解饮食治疗对肠道菌群的已知影响。
> - 概括可纳入临床实践的维持肠道菌群的实用饮食策略。

尽管有大量的网站、博客、书籍和个人声称,他们已经发现了微生物组饮食治疗的奥秘,然而这些观点尚缺乏科学研究的支撑。未来需要深入研究才能确定最佳饮食的组成部分,从而改善微生物组和健康状况。但这并不是说饮食习惯不会影响微生物组,如第 6 章所述,科学证据表明,生活方式(尤其是饮食)在改变微生物群中起着重要作用,只是目前还没有足够的证据来提出具体的饮食建议。

本章围绕临床实践中常见的肠道微生物组相关问题展开,如有可能,将提供实用的建议。需要注意的是,随着科学家对饮食-肠道微生物组相互作用的深入了解,所提建议或在未来几年内发生变化并日益具体,图 8.1 展示了目前已有证据支持的菌群调节饮食策略。

治疗饮食与肠道菌群

临床微生物组检测有用吗?

目前已有分析微生物组组成的商业性检测,但尚不能提供有针对性的改善健康的指导(Davis,2014)。在现有知识的基础上,仅靠微生物群的组成无法预测当前或未来的宿主表型,且科学家对于如何通过饮食干预而可靠稳定地改变肠道菌群组成知之甚少,因此尚不清楚这些微生物组分析检测能为现有的医疗及饮食评

第 8 章 实用饮食建议 131

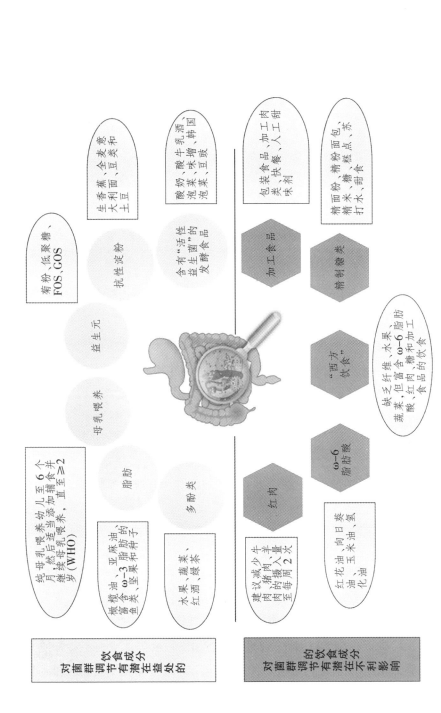

图 8.1 目前科学证据支持的维持与健康相关菌群的饮食建议概述。图的上半部分显示了可能通过调节肠道菌群而对肠道菌群有益的饮食成分，下半部分显示了可能通过调节肠道菌群而对健康有害的饮食成分。然而随着更多研究的出现，这些建议会不断更新。FOS，低聚果糖；GOS，低聚半乳糖；WHO，世界卫生组织。

估带来哪些影响。另一方面，个人参加微生物组检测并填写随附的健康及生活方式调查表，可能会为"国民科学"派生的肠道微生物组数据库贡献数据，这些数据或能促进人们对健康和疾病的理解(Topol 和 Richman, 2016)。

"肠漏征"是医学上公认的必须采用饮食治疗的诊断吗？

"肠漏综合征"不是一种医学疾病，而是一种失常的肠道紧密连接缺陷，细菌和毒素进入血液，产生广泛的生理学效应。炎性肠病(Gerova 等, 2011)和乳糜泻(Heyman 等, 2012)等疾病的肠道通透性的确增加了，但缺乏证据表明，肠漏征是引起这些疾病或其他任何疾病的原因。此外，没有证据表明限制饮食可以改善肠道通透性，从而改善健康状况。

短期节食会影响肠道微生物组吗？

尽管已经明确，减轻体重的最佳方法是通过饮食和运动等长期生活方式的改变(Hassan 等, 2016)，但仍有许多人选择短期节食，暂时改变饮食方式，限制摄入某些被定义为"不好"的食物(例如麸质、糖、脂肪)(Marchessault 等, 2007)。尽管节食对人类的长期影响知之甚少，但是小鼠模型表明，与完全不节食相比，短期节食可能对体重和代谢健康更加有害。在最近的一项研究中，与从未节食的小鼠相比，那些在高脂肪饮食时体重增加，常规饮食后体重恢复正常的小鼠，在重新改为高脂肪饮食时增重更快(Thaiss 等, 2016)。该机制与肠道菌群有关，短期节食改变了小鼠的肠道微生物特征，使其在重新摄入高脂肪饮食后容易快速增重；将节食后的肠道菌群转移给无菌小鼠，也证实了这一点。短期节食会给人体肠道菌群带来何种程度的"瘢痕"，该领域值得进一步研究。

高蛋白、低糖类的饮食是否会影响微生物组？

减重人群通常采用高蛋白、低糖类的饮食(通常称为"低碳"饮食)(Noble 和 Kushner, 2006)。然而，这可能改变大肠中的微生物活性和细菌种群，从而对肠道健康带来有害影响。例如常见的减少可发酵糖类的摄入，增加高蛋白的摄入。17 名肥胖男性摄入高蛋白(约 138g/d)、低糖类(22g/d)的减肥饮食，结果粪便总 SCFA 浓度降低，丁酸盐不成比例地减少(Russell 等, 2011)。饮食中蛋白质摄入量的增加导致结肠转向蛋白质发酵，粪便中 N-亚硝基化合物(已知致癌物)显著增加。

在另一项研究中，与前述一致的，19 名肥胖男性摄入高蛋白(120g/d)、低糖类

(24g/d)的减肥饮食后,SCFA 显著降低,尤其是丁酸盐(Duncan,2007)。随着糖类的减少,罗斯菌属、梭菌簇ⅩⅣa 的直肠真杆菌亚群、双歧杆菌的数量也出现下降。Brinkworth 和同事们发现,与摄入高糖类饮食(总能量的 46%来自糖类)相比,摄入低糖类的减体重饮食(总能量的 4%来自糖类)时,粪便中丁酸盐和总 SCFA 的浓度以及双歧杆菌的数量显著降低(Brinkworth 等,2009)。

富含"菌群可用糖类"(MAC)的饮食可能具有不同的效果:Zhang 和同事们的研究表明,富含可发酵的糖类及均衡的常量营养素的饮食,可以将肥胖相关的失衡肠道菌群转变为另一种结构。在这种结构中,能发酵食物中脂肪和蛋白质产生潜在毒性代谢物的细菌相对较少,而发酵糖类的细菌(双歧杆菌属)数量较多。这种肠道菌群的饮食调节,有助于缓解代谢恶化的状况(Zhang 等,2015)。

这些研究揭示了典型高蛋白、低糖类减重饮食的几种代谢后果,证明了长期摄入这种饮食可能影响肠道健康。

无麸质饮食是否影响微生物组?

麸质是小麦、大麦、黑麦和其他几种谷物中的蛋白质成分。无麸质饮食是治疗乳糜泻(CD)的必备疗法;然而,近来无麸质饮食在减肥、保健和治疗"肠漏征"的大众人群中也日益流行,但并没有具体证据表明其益处。

10 名健康志愿者参与了无麸质饮食对肠道微生物组影响的研究 (De Palma 等,2009)。摄入该饮食 1 个月后,可能对健康有促进作用的双歧杆菌、象牙海岸梭菌、普拉梭菌、乳酸菌和长双歧杆菌减少,而大肠杆菌、肠杆菌科和角双歧杆菌增加。De Palma 及其同事们还检测了免疫功能,发现无麸质饮食导致 TNF-α(肿瘤坏死因子-α)、IFN-γ(干扰素-γ)、趋化因子 IL(白介素)-8 和 IL-10 的产生显著降低(De Palma 等,2009)。在接受无麸质饮食治疗的受试者中,乳酸杆菌和双歧杆菌多样性也有所降低(Nistal 等人,2012)。最近一项研究中,对接受无麸质饮食 1 个月后的健康受试者进行 16S rRNA 基因测序,结果表明,无麸质饮食引起了肠道微生物组成的改变(Bonder 等,2016);韦荣菌科(梭菌纲)、布氏瘤胃球菌属和粪罗斯菌的丰度降低,而食物谷菌科、梭菌科、红蜷菌科,以及斯莱克菌属的丰度增加。菌群丰度的变化与饮食改变有关,影响尤其明显的是参与糖类和淀粉代谢的细菌。然而,与之前的报告相反,并未发现无麸质饮食会影响肠道的炎性标志物的改变(Bonder 等,2016)。目前,尚不清楚麸质如何特异性地影响肠道微生物组,仍需要更多的研究来评估无麸质饮食对乳糜泻外的其他病症以及健康人群带来的影响。尚无证据表明无麸质饮食可以治愈"肠漏征"。

低 FODMAP 饮食是否影响微生物组？

以低发酵的低聚糖、二糖、单糖和多元醇(低 FODMAP)饮食进食,通常为 6~8 周,这种饮食剔除了富含发酵性但难吸收的糖类和多元醇的食物(Gibson 和 Shepherd,2010)。FODMAP 包括果糖、乳糖、低聚果糖和低聚半乳糖(果聚糖和半乳糖)以及多元醇(山梨糖醇、甘露糖醇、木糖醇和麦芽糖醇);以上成分含量极低的饮食是治疗肠易激综合征(IBS)的新兴方法,已有研究表明其临床疗效良好(Nanayakkara 等,2016)。

尽管低 FODMAP 饮食可改善个人的消化症状,但最新研究表明,饮食中的益生元含量降低可能会对肠道微生物组产生负面影响(Halmos 等,2015;McIntosh 等,2016)。与典型澳大利亚饮食人群的肠道菌群相比,低 FODMAP 饮食与总细菌、产丁酸菌、双歧杆菌属、嗜黏蛋白-艾克曼菌和活泼胃球菌的绝对丰度较低相关。还观察到梭菌簇 XIVa 的相对丰度明显降低,而扭链瘤胃球菌的丰度明显增高(Halmos 等,2015)。这些结果显示,低 FODMAP 饮食会改变肠道微生物群降解黏液和产生丁酸的能力。最近一项对 IBS 结肠微生物群的研究表明,食用低 FODMAP 饮食会导致细菌丰度增高,特别是厚壁菌门、梭菌目和放线菌门,其中放线菌门细菌的多样性增加(McIntosh 等,2016)。这些结果证实了 Halmos 等人先前的研究,即低 FODMAP 饮食会改变微生物组成,但这种变化是正面还是负面的,目前还不完全清楚。

"古饮食"是否影响微生物群？

旧石器时代饮食是目前最流行的现代饮食之一,也被称为"古饮食"或"石器时代"饮食。现代的古饮食模式包括无限制地摄入蔬菜、水果、瘦肉、豆腐、坚果和种子;但是不摄入奶制品、谷类/谷类产品和豆类(Pitt,2016)。与典型的高蛋白、低糖类饮食相比,古饮食更注重食用全食,而较少剔除糖类。这种饮食模式是基于"进化失调假说",即认为因改变了传统营养及人类祖先狩猎-采集的活动模式,导致了现代地方性慢性疾病(Konner 和 Eaton,2010)。由于其减低体重和改善健康的主张未经科学证实,古饮食在医学界受到了激烈的批评和争议。尽管现有的科学证据表明,现代工业化社会的肠道微生物组与传统狩猎-采集社会的肠道微生物组不同,但缺乏现代古饮食对健康和肠道微生物组影响的严谨研究。鉴于这种饮食的广泛流行,未来值得对古饮食进行进一步的研究。

改善健康相关肠道菌群的实用饮食建议

是否应该减少加工食品以改善肠道健康？

在提供建议之前，需要更多的研究来验证加工食品对肠道微生物组的影响。然而，一项检验乳化剂（羧甲基纤维素和聚山梨酯-80）对啮齿类动物影响的研究发现，它们对肠道微生物群有不利影响（如拟杆菌属丰度减少），且能降低肠黏膜厚度（Chassaing 等，2015）。啮齿动物摄入无热量的人工甜味剂（包括糖精、三氯蔗糖和阿斯巴甜）时，会导致其产生更高的葡萄糖不耐受性发生率，并与肠道中拟杆菌属和梭菌目细菌的丰度增加有关（Suez 等，2014）。因此，加工食品的这些特殊成分可能会对肠道菌群产生不利影响。

是否应该摄入发酵食品来改善肠道健康？

食用传统的发酵食品，如酸菜、酸牛乳酒、酸奶、味增等，都会对人体产生某些益处，但这些食物有益的直接证据仍然有限。摄入发酵食品与维持体重（Mozaffarian 等，2011）、降低 2 型糖尿病（Chen 等，2014）和心血管疾病（Tapsell，2015）的风险相关，并有几项随机对照试验支持发酵食品与代谢参数改善之间存在因果关系（Kim 等，2011）。

发酵食品确实提供了食品中营养物质相关的益处，但额外的益处可能来自活微生物对底物的转化和（或）来自食用时存在的活微生物。许多研究人员提出，基于发酵过程中涉及的原料和微生物，理论上说，发酵食品可以抑制肠道中病原体的生长、改善食品的消化率以及增强维生素的合成或吸收（Marco 等，2017）。此外，虽然在许多发酵食品中发现的乳酸杆菌和双歧杆菌物种，由于尚未确定其特征，所以还不符合益生菌的标准，但这些物种可能与已知的益生菌相同或具有相同的特性（Marco 等，2017）；因此，可以认为，发酵食品中的这些物质具有健康益处，应该作为健康食品的一部分。

是否应该摄入更多的纤维来改善肠道健康？

一些研究人员认为，缺乏膳食纤维是典型西方饮食的主要特征，这种饮食使微生物群的多样性大幅下降，有益代谢物的产生减少，导致肠道微生物组的衰落和慢性疾病的增加（Deehan 和 Walter，2016）。食物中的可发酵纤维不仅为微生物的生长提供了底物，而且还增加了细菌发酵产物的浓度，如前几章中提到的

SCFA,这对肠道健康和整体健康都是必要的。迄今为止研究最充分的可发酵纤维来源是低聚糖和抗性淀粉。

已有证据表明膳食纤维对人体具有益处,因此一些科学家呼吁重新规划纤维的摄入量标准,以优化慢性病的预防(Deehan 和 Walter,2016)。但是目前,许多人群的膳食纤维摄入量还远远低于推荐水平。含有益生元的功能性食品可能会成为补充膳食纤维的新方法。

是否应该食用抗性淀粉来改善肠道健康?

抗性淀粉是一种膳食纤维,它能抵抗小肠的消化并到达结肠,在那里被肠道菌群代谢,产生 SCFA。目前还没有抗性淀粉的具体摄入建议;然而,1996 年的一项研究表明,每天需要摄入 20g 抗性淀粉才能对肠道健康有益(Baghurst 等,1996)。饮食中抗性淀粉的最好来源包括未成熟的香蕉、意大利面、豆类和土豆;全谷类产品如意大利面和大米的抗性淀粉含量高于精制产品。另一种形式的抗性淀粉是回生淀粉,它是在淀粉类食物(如土豆或意大利面)煮熟后冷却时形成的。

是否应该增加摄入水果和蔬菜来改善肠道健康?

营养专业人员多年来一直在推荐水果和蔬菜的健康益处。现在改善肠道健康也可以成为增加摄入这些食品的理由。富含多酚和纤维的水果和蔬菜,可能通过增加乳杆菌和双歧杆菌来帮助调节肠道菌群,使其更有利于促进健康。

摄入什么类型的脂肪最有利于肠道健康?

各种脂肪对人类肠道菌群影响的研究很少,主要是因为很难将脂肪作为饮食中的一个独立成分进行研究。啮齿动物模型的研究表明,摄入橄榄油和亚麻籽/鱼油产生了最为多样化的肠道菌群。随着更多临床数据的产生,这将是一个持续发展的领域。

来自动物的蛋白质对肠道健康有特殊影响吗?

已有研究记载,肠道菌群会随着摄入饮食蛋白的类型而改变。拟杆菌属与动物蛋白和氨基酸种类高度相关,而普氏杆菌与植物蛋白的摄入量增加密切相关(Wu 等,2011)。干预试验表明,高蛋白饮食导致粪便丁酸盐浓度和产丁酸菌减少,这对肠道健康有负面影响。虽然还需要深入研究,但减少动物蛋白质,同时增加植物蛋白质也许是正确的选择。

益生菌的最佳用途是什么？

科学家们仍在破译能提供最佳健康状况的肠道微生物组的特征。这使得为健康人推荐特定益生菌菌株或产品显得非常困难。目前，科学家还不明确益生菌提供健康益处所需的最佳剂量。

已经研究了多种益生菌菌株在疾病中的预防和治疗作用。市面上已经有针对特定健康状况的包含最佳菌株的益生菌产品，有多种资源可以指导临床医生选择这些产品。补充益生菌临床指南（已在加拿大和美国实施；http://www.probioticchart.ca）就是一个很好的范例。当临床医生针对特定状况推荐益生菌时，他/她应该为患者提供菌株名称、剂量和产品名称，以确保他们获得最大的益处。

如何改善婴儿微生物组？

尽管早期生命中有许多因素会影响微生物群，例如分娩方式、环境暴露和抗生素的使用，但是饮食是最关键的影响因素之一。母乳为婴儿带来了许多好处，而不仅是有益于微生物群，母乳对微生物群的主要益处是其中大量的低聚糖，特别有益于双歧杆菌的生长。由于母乳的复杂性，它对肠道微生物组的有益影响尚不完全清楚。然而，已有明确的科学证据支持：母乳喂养为发育中的婴儿提供了后续生命中需要的物质，而肠道微生物组维持人体健康需要这些物质。

是否需要新的临床营养实践指南？

目前，饮食对肠道菌群影响的研究仍处于初步阶段。因此，创建临床实践指南尚面临困难。需要将更多的研究重点放在全膳食的干预上，而不是单独的食物及其成分，从而了解饮食、肠道菌群和健康在全膳食环境下的相互关系。目前已有充分的研究表明，"西方"饮食中大量食用快餐食品或加工食品，摄入高水平的 ω-6 脂肪酸，以及高糖分和低纤维的摄入，这些与微生物和健康的负面变化有关。而高纤维饮食（主要来自水果和蔬菜）、低红肉和富含 ω-3 脂肪酸的饮食，因其中包含丰富的拟杆菌和双歧杆菌，可增加与健康相关的菌群特征。

（熊永福 姚程扬 译）

参考文献

Baghurst, P.A., Baghurst, K.I., Record, S.J., 1996. Dietary fibre, non-starch polysaccharides and resistant starch—a review. Food Aust. 48 (3), S3–S35.

Bonder, M.J., et al., 2016. The influence of a short-term gluten-free diet on the human gut microbiome. Genome Med. 8 (1), 45.

Brinkworth, G.D., et al., 2009. Comparative effects of very low-carbohydrate, high-fat and high-carbohydrate, low-fat weight-loss diets on bowel habit and faecal short-chain fatty acids and bacterial populations. Br. J. Nutr. 101 (10), 1493–1502.

Chassaing, B., et al., 2015. Dietary emulsifiers impact the mouse gut microbiota promoting colitis and metabolic syndrome. Nature 519 (7541), 92–96. Available from: http://www.ncbi.nlm.nih.gov/pubmed/25731162.

Chen, M., et al., 2014. Dairy consumption and risk of type 2 diabetes: 3 cohorts of US adults and an updated meta-analysis. BMC Med. 12 (1), 215.

Davis, L., 2014. Is it Really Worth Having Your Gut Bacteria Tested? Gizmodo.

De Palma, G., et al., 2009. Effects of a gluten-free diet on gut microbiota and immune function in healthy adult human subjects. Br. J. Nutr. 102 (8), 1154–1160.

Deehan, E.C., Walter, J., 2016. The fiber gap and the disappearing gut microbiome: implications for human nutrition. Trends Endocrinol. Metab. 27 (5), 239–242.

Duncan, S.H., et al., 2007. Reduced dietary intake of carbohydrates by obese subjects results in decreased concentrations of butyrate and butyrate-producing bacteria in feces. Appl. Environ. Microbiol. 73 (4), 1073–1078.

Gerova, V.A., et al., 2011. Increased intestinal permeability in inflammatory bowel diseases assessed by iohexol test. World J. Gastroenterol. 17 (17), 2211–2215.

Gibson, P.R., Shepherd, S.J., 2010. Evidence-based dietary management of functional gastrointestinal symptoms: The FODMAP approach. J. Gastroenterol. Hepatol. 25 (2), 252–258.

Halmos, E.P., et al., 2015. Diets that differ in their FODMAP content alter the colonic luminal microenvironment. Gut 64 (1), 93–100. Available from: http://www.ncbi.nlm.nih.gov/pubmed/25016597.

Hassan, Y., et al., 2016. Lifestyle interventions for weight loss in adults with severe obesity: a systematic review. Clin. Obes. 6 (6), 395–403.

Heyman, M., et al., 2012. Intestinal permeability in coeliac disease: insight into mechanisms and relevance to pathogenesis. Gut 61 (9), 1355–1364.

Kim, E.K., et al., 2011. Fermented kimchi reduces body weight and improves metabolic parameters in overweight and obese patients. Nutr. Res. 31 (6), 436–443.

Konner, M., Eaton, S.B., 2010. Paleolithic nutrition: twenty-five years later. Nutr. Clin. Pract. 25 (6), 594–602. Available from: http://ncp.sagepub.com/cgi/doi/10.1177/0884533610385702.

Marchessault, G., et al., 2007. Canadian dietitians' understanding of non-dieting approaches in weight management. Can. J. Diet. Pract. Res. 68 (2), 67–72.

Marco, M.L., et al., 2017. Health benefits of fermented foods: microbiota and beyond. Curr. Opin. Biotechnol. 44, 94–102.

McIntosh, K., et al., 2016. FODMAPs alter symptoms and the metabolome of patients with IBS: a randomised controlled trial. Gut 66, 1241–1251.

Mozaffarian, D., et al., 2011. Changes in diet and lifestyle and long-term weight gain in women and men. N. Engl. J. Med. 364 (25), 2392–2404.

Nanayakkara, W.S., et al., 2016. Efficacy of the low FODMAP diet for treating irritable bowel syndrome: The evidence to date. Clin. Exp. Gastroenterol. 9, 131–142.

Nistal, E., et al., 2012. Differences in faecal bacteria populations and faecal bacteria metabolism in healthy adults and celiac disease patients. Biochimie 94 (8), 1724–1729.

Noble, C.A., Kushner, R.F., 2006. An update on low-carbohydrate, high-protein diets. Curr. Opin. Gastroenterol. 22 (2), 153–159. Available from: http://www.ncbi.nlm.nih.gov/

pubmed/16462172.

Pitt, C.E., 2016. Cutting through the Paleo hype: the evidence for the Palaeolithic diet. Aust. Fam. Physician 45 (1), 35–38.

Russell, W.R., et al., 2011. High-protein, reduced-carbohydrate weight-loss diets promote metabolite profiles likely to be detrimental to colonic health. Am. J. Clin. Nutr. 93 (5), 1062–1072.

Suez, J., et al., 2014. Artificial sweeteners induce glucose intolerance by altering the gut microbiota. Nature 514 (7521), 181–186. Available from: http://www.ncbi.nlm.nih.gov/pubmed/25231862.

Tapsell, L.C., 2015. Fermented dairy food and CVD risk. Br. J. Nutr. 113 (S2), S131–S135.

Thaiss, C.A., et al., 2016. Persistent microbiome alterations modulate the rate of post-dieting weight regain. Nature 540 (7634), 544–551.

Topol, E., Richman, J., 2016. Citizen Science and Mapping the Microbiome. Medscape.

Wu, G.D., et al., 2011. Linking long-term dietary patterns with gut microbial enterotypes. Science 334 (6052), 105–108. Available from: http://www.ncbi.nlm.nih.gov/pubmed/21885731.

Zhang, C., et al., 2015. Dietary modulation of gut microbiota contributes to alleviation of both genetic and simple obesity in children. EBioMedicine 2 (8), 968–984.

第 9 章
肠道菌群与营养科学的应用

> **目的**
> - 了解肠道菌群和营养研究与食品工业发展趋势和方向的相关性。
> - 了解在食品和其他产品中使用微生物调节成分（益生菌、益生元和合生元）所带来的益处和挑战。
> - 熟悉有益微生物如何转变食品加工和食品安全的理念。

有关肠道菌群和营养的科学研究与食品工业的发展方向和趋势息息相关。能否将微生物调节成分谨慎地添加到食品中，或作为添加剂食用，取决于多种因素。下面将讨论食品加工中使用的活性微生物、益生菌、益生元、合生元，以及食品安全。

食物为每个人所必需，它能够保障人们的日常健康和疾病的预防，并非只为那些患有特定疾病的人所需要。因此，开发和引进具有更高营养价值并能为消费者带来切实健康益处的食品，引起了食品行业人士的极大兴趣（Tufarelli 和 Laudadio，2016）。其中一些产品被称为功能食品。Gibson 和 Williams 将功能食品定义为"有充分证据表明除了能够提供充足的营养外，还能对人体的一个或多个特定功能产生有益影响，从而改善健康或降低患病风险"的食品（Gibson 和 Williams，2000；基于 Roberfroid，2002）。在某些情况下，有健康益处的营养成分（例如益生元）的浓度可能高于在天然物质中的浓度，或者它们可能存在于通常不含有这些成分的食品中。在全世界不同地区，食品的相关法规差别很大，若对这些法规的进行详细阐述则超出了本文的范畴。但是通常来说，如果制造商选择在功能食品的标签上做健康声明，则在监管意义上，它可能与药物的药用标签声明相混淆。随着这些产品范围的扩大，难以避免的，食品和药品的界线会变得越来越模糊。

在美国,膳食补品与常规食品和药物分开监管,膳食补品不旨在预防或治愈特定疾病,也不旨在替代食品。制造商可以基于科学依据对膳食补品进行结构/功能声明(如描述某一成分对人体正常结构或功能的影响),并且必须报告与食用后相关的严重不良事件。在加拿大的监管体系下,食品和天然健康产品(NHP)之间存在区别,后者具有治疗功效;食品受加拿大卫生部食品管理局监管,而 NHP 由天然和非处方健康产品管理局负责监管。虽然有足够的证据就可以为食品做健康声明,但加拿大所有的 NHP 都要求具有明确科学证据的产品许可证,以保障安全性和有效性。产品许可证持有人还必须监测并报告产品的严重不良反应。在这两个国家中,夸大食品的健康益处会使公司面临重大风险,包装上列出如"经过临床验证"和"经过科学证明"等词语时,需要提供相应的证明。

微生物对食品加工的重要性

从事食品行业的人士都知道,消费者购买食品主要是依据其价值和口味(Zink,1997),而后者又最为重要。因此在竞争激烈的市场中,不断开发新口味是十分必要的。从奶酪、巧克力和咖啡到啤酒和康普茶,微生物越来越多地被用来改善口感,以生产出各种独特的食物和饮料。当所用微生物和加工条件发生即使十分微小的变化,也会生产出截然不同的产品(Marco 等,2017)。

发酵食品通常是指"通过控制微生物的生长以及主要和次要的食品成分的酶转化而制成的食物或饮料"(Marco 等,2017)。发酵底物可以是肉和鱼,也可以是乳制品、蔬菜、大豆、谷物和水果。乳酸菌和酵母菌是发酵富含单糖、双糖或淀粉原料的主要微生物,而霉菌和芽孢杆菌负责二次发酵。表 9.1 显示了在各种常见食品中进行发酵的微生物。

有趣的是,发酵食品可能与现代消费者对加工食品的负面看法相反(Reynolds 和 Kenward,2016)。实际上,微生物加工食品(非机器或化学制品)是更优质的。一份行业报告指出,2016 年的主要产品趋势是发酵食品,理由是它与"天然加工方式"相关。至少有一项美国食品科学与技术项目报告称,近期攻读本科学位的学生人数逐渐增加,其中超过 75%的学生选择了与发酵相关的学位。据报道,人们对发酵食品感兴趣是因为人们认为发酵食品"更正宗"(Despain,2014)。

在某些发酵食品和饮料的加工中使用了活菌,例如巧克力、酵母面包和咖啡,但这些活菌在最终产品中不复存在。而另一些产品在食用时则含有大量活菌。在食用含有活菌的发酵食品时,这些活菌或与益生菌种类相同,或与它们具有相似

表 9.1 生产不同的发酵食品需要不同的微生物来源

食品	微生物来源	微生物
酸奶	发酵剂	嗜热链球菌、德氏乳杆菌保加利亚亚种
奶酪、酸奶油	发酵剂、引子发酵	乳酸乳球菌、肠膜明串珠菌
香肠	引子发酵、天然发酵剂	清酒乳杆菌、植物乳杆菌、肉葡萄球菌、木糖葡萄球菌、乳酸片球菌
葡萄酒	天然发酵剂	酿酒酵母、酒类酒球菌
啤酒	引子发酵、发酵剂	酿酒酵母(短乳杆菌)
面包	发酵剂	酿酒酵母
酸面包	引子发酵	旧金山乳杆菌、短小假丝酵母
酸菜或泡菜	发酵剂	肠膜明串珠菌、植物乳杆菌、短乳杆菌
橄榄	发酵剂	植物乳杆菌
酱油、豆酱	天然发酵剂	酱油曲霉、鲁氏结合酵母、嗜盐四链球菌
豆豉	发酵剂、引子发酵	少孢根霉
纳豆	发酵剂、引子发酵	变异纳豆枯草杆菌

许多物种都会影响最终产品的特性,此表只列出了每种食品中的优势菌群。引子发酵是指将前一批的少部分发酵食品加入新一批的发酵食品中,从而为其提供微生物。

St,链球菌;L,乳酸杆菌;Lc,乳酸球菌;Lu,串珠球菌;S,葡萄球菌;P,片球菌;Sa,酵母;O,酒球菌;C,假丝酵母;A,曲霉菌;Z,接合酵母;T,四联球菌;R,根霉;B,杆菌。

From Marco, M.L., Heeney, D., Binda, S., Cifelli, C.J., Cotter, P.D., Foligné, B., Gänzle, M., Kort, R., Pasin, G., Pihlanto, A., Smid, E.J., Hutkins, R., 2017. Health benefits of fermented foods:microbiota and beyond. Curr. Opin. Biotechnol. 44, 94–102. Copyright 2017, with permission from Elsevier.

的生理特性(Marco 等,2017)。尽管这些细菌不符合益生菌的定义,但它们可能具有"类似益生菌"的特性。这有助于增加消费者对发酵食品有益健康的认识。

良好的质量管理对于商业发酵食品的生产至关重要。在生产过程中,温度等参数的微小变化可能会改变发酵过程中占主导地位的细菌菌株,从而极大地影响产品的一致性(Despain,2014)。虽然对大多数发酵食品来说,不能保证最终产品中活菌的最低存活数,因此通常需要特殊处理,以确保这些活菌以理想状态到达消费者手中。

益生菌

随着人们愈发意识到肠道微生物组在健康和疾病中的重要作用,消费者对益生菌的需求也随之增加。根据多项分析,益生菌食品和补品商业呈持续快速增长态势。在过去10年中,消费者对益生菌与消化系统健康之间关系的认识得到了显著提高(Despain,2014),受过良好教育的消费者也越来越希望了解最合适的细菌菌株和食用剂量。

新产品正在不断涌现以满足这一需求,除了作为食物(例如酸奶和酸牛乳酒)或补品出售的冷藏益生菌外,现在还有易贮存的益生菌,可以将这些益生菌菌株添加到面包、巧克力和果汁等各种食品和饮料中。

将益生菌添加到食品中,必须解决几个关键问题。微生物的生存能力非常重要,因为大多数现有益生菌都不易贮存。监管机构要求保证食用时菌落单位的最低存活量。因此,制造商最初可能需要添加微生物的数量为食用时菌量的10~100倍(Zink,1997)。这就增加了生产成本,产生了额外的费用,但这可以确保产品到达消费者手里时处于理想状态(Sanders,2000)。

最终产品中细菌菌株特征的稳定性也必须加以考虑。1983年的一项研究使制造商注意到,嗜酸乳杆菌制剂的批次间差异可能会影响临床结果(Clements等,1983)。此后,陆续有人发现生产和制造方法有可能影响特定益生菌菌株的特性,这使其成为质量控制的重要考虑因素(Grześkowiak等,2011)。

安全性也是一个关键问题,益生菌需要特别注意安全生产(Baldi和Arora,2015)。益生菌的生产和质量控制标准通常与药物不同,尽管益生菌在健康人体中似乎非常安全,但是,有人呼吁如果在"高风险"人群中使用益生菌时,应仔细考虑其生产问题。据美国疾病控制和预防中心(CDC,2015)报道,2014年有一例胃肠道毛霉菌致3磅重(1磅≈0.454kg)早产儿死亡的病例,这引起了人们的高度重视。为了预防该婴儿患坏死性小肠结肠炎,给予其益生菌膳食补充剂,这是一种使用益生菌的适应证,在相关文献中已有证据支持。机会病原体霉菌很可能来自益生菌制造过程的意外污染。该病例警示我们,必须重视益生菌生产过程中的微生物污染所产生的风险。

益生元

如第7章所述,关于益生元一词的正确使用及适用范围直到近几年才达成科学共识(Gibson等,2017)。既然已针对益生元提出了具有实用性和科学性的定义,那么世界各地的监管机构就可以着手,建立或完善在商业食品中使用益生元的要求。

虽然一些经过充分研究的益生元,如低聚果糖(FOS)、半乳糖(GOS)和乳果糖,已有安全商用的历史(Macfarline 等,2006),但使消费者接受益生元强化产品仍然是一个众所周知的挑战。制造商的目的是生产含有足够益生元的产品,从而对健康带来有益的影响,同时保持食物的可口,让消费者能够接受。例如,有研究表明,与普通面包相比,菊粉强化的面包体积较小、质感较硬、颜色较深。对于菊粉含量较高的面包,消费者可接受性降低,但5%左右的菊粉含量似乎是可接受的(Morris 和 Morris,2012)。有趣的是,有研究发现,如果将益生元(FOS)加入到桃子味的酸奶饮料中,不会影响消费者的接受度;但如果同时添加益生菌和益生元(嗜酸乳杆菌和 FOS),则会降低消费者的接受度(Gonzalez 等,2011)。

合生元

合生元至少含有一种益生元和一种益生菌成分,也被应用于一些食品当中。从理论上讲,使用合生元是一种提高益生菌在消化道中定植力和竞争力的一种策略。实际当中,有些合生元声明中的有益于人体生理功能的作用与益生元有关(有些可能具有充分的科学依据),同时该产品也含有某种益生菌。

合生元使用中的一个挑战是决定益生菌和益生元的最适比例。目前,常见的合生元主要为双歧杆菌、乳酸菌与 FOS 或菊粉的组合形式;虽然一些商用合生元产品只含有益生元而不含有与之匹配的益生菌,但是有一种用于合生元的单属益生菌是由双歧杆菌或鼠李糖乳杆菌 GG 与菊粉组成的。最近的一项研究报道了一种鉴定益生菌菌株用于合生元的新方法:研究人员给健康志愿者增加了益生元(GOS)的服用剂量,然后从这些志愿者的粪便样本中分离细菌。他们发现青春双歧杆菌 IVS-1 菌株的丰度升高了 8 倍。该研究表明,青春双歧杆菌 IVS-1 菌株与 GOS 一起使用时可能具有协同作用(Krumbeck 等,2015)。

食品安全新工具

食品安全和污染防治(参见第 4 章)对食品工业非常重要。对安全食品的更高需求促使各大公司探索新的食品保存和安全体系,其中之一就是"竞争性微生物抑制",即利用无害或有益的细菌防止食品的腐烂变质和抑制病原体的生长(Zink,1997)。例如,乳酸菌的抑制菌株可用于乳制品或冷冻食品中,以提高安全性、延长保质期。这些细菌产生的某些次级代谢物,具有抗菌以及防止病原微生物定植的作用(表 9.2)(Josephs-Spaulding 等,2016)。因此,随着人们对微生物在食

第9章 肠道菌群与营养科学的应用

表9.2 发酵食品中的一些微生物能够产生抑制病原体的抗菌代谢物:包括细菌素(抵抗有密切关联菌株的蛋白质)、分离物或有机酸(酸性含碳化合物)

微生物	类型	次级代谢产物	被抑制的病原体	参考文献
弯曲乳杆菌 54M16	细菌素	乳酸菌细菌素	单核细胞增多性李斯特菌,蜡样芽孢杆菌	Casaburi 等(2016)
卷曲乳杆菌	分离物	I2-31,C3-12,F-1,F-50,F-59	沙门菌属	Kim 等(2014)
副干酪乳杆菌	有机酸	柠檬酸(pH2.2),谷氨酸(pH4.2)	大刀镰刀菌	Zalan 等(2009)
植物乳杆菌 1MAU 10124	有机酸	苯乳酸	娄地青霉菌	Zhang 等(2014)
植物乳杆菌 CECT-221	有机酸	苯基丙酮酸	金黄色葡萄球菌,铜绿假单胞菌,单核细胞增多性李斯特菌,鼠伤寒沙门菌	Rodriguez-Pazo 等(2013)
长双歧杆菌、短双歧杆菌	有机酸	乳酸	鼠伤寒沙门菌,金黄色沙门菌,大肠杆菌,粪肠球菌,艰难梭菌	Tejero-Sarinena 等(2012)
婴儿双歧杆菌	有机酸	乙酸	N/A	Tejero-Sarinena 等(2012)
植物乳杆菌	细菌素	植物素	单核细胞增多性李斯特菌	Barbosa 等(2016)
植物乳杆菌	有机酸	甲酸(PH2.3)	大刀镰刀菌	Zalan 等(2009)
鼠李糖乳杆菌	有机酸	琥珀酸(pH2.7)	N/A	Zalan 等(2009)
乳酸乳杆菌 CL1	细菌素	片球菌素	单核细胞增多性李斯特菌,金黄色葡萄球菌	Rodriguez 等(2005)
乳酸乳杆菌 ESI 515	细菌素	乳酸链球菌肽	金黄色葡萄球菌	Rodriguez 等(2005)
乳酸乳杆菌亚种 WX153	细菌素	WX153	猪链球菌	Srimark 和 Khunajakr(2015)

LAB,乳酸菌;N/A,不适用。

From Josephs-Spaulding, J., Beeler, E., Singh, O.V., 2016. Human microbiome versus food-borne pathogens: friend or foe. Appl. Microbiol. Biotechnol. 100 (11), 4845–4863, ©Springer-Verlag Berlin Heidelberg 2016, with permission of Springer.

品加工中所起作用的不断了解,"消灭所有微生物"的传统目标被打破并转向了维持或增强某些细菌的功能。

(彭惟 周家豪 译)

参考文献

Baldi, A., Arora, M., 2015. Regulatory categories of probiotics across the globe: a review representing existing and recommended categorization. Indian J. Med. Microbiol. 33 (5), 2. Available from: http://www.ncbi.nlm.nih.gov/pubmed/25657150.

Barbosa, M.S., et al., 2016. Characterization of a two-peptide plantaricin produced by Lactobacillus plantarum MBSa4 isolated from Brazilian salami. Food Control 60, 103–112.

Casaburi, A., et al., 2016. Technological properties and bacteriocins production by Lactobacillus curvatus 54M16 and its use as starter culture for fermented sausage manufacture. Food Control 59, 31–45.

Centers for Disease Control and Prevention, 2015. Notes from the field: fatal gastrointestinal mucormycosis in a premature infant associated with a contaminated dietary supplement—Connecticut, 2014. Available from: https://www.cdc.gov/mmwr/preview/mmwrhtml/mm6406a6.htm.

Clements, M.L., et al., 1983. Exogenous lactobacilli fed to man—their fate and ability to prevent diarrheal disease. Prog. Food Nutr. Sci. 7 (3–4), 29–37. Available from: http://www.ncbi.nlm.nih.gov/pubmed/6657981.

Despain, D., 2014. The new fermented food culture. Food Technol. 68 (9), 39–45.

Gibson, G.R., et al., 2017. Expert consensus document: The International Scientific Association for Probiotics and Prebiotics (ISAPP) consensus statement on the definition and scope of prebiotics. Nat. Rev. Gastroenterol. Hepatol.

Gibson, G.R., Williams, C.M., 2000. Functional Foods: Concept to Product, first ed. Woodhead, Cambridge. Available from: http://lorestan.itvhe.ac.ir/_fars/Documents/2000-22037.pdf.

Gonzalez, N.J., Adhikari, K., Sancho-Madriz, M.F., 2011. Sensory characteristics of peach-flavored yogurt drinks containing prebiotics and synbiotics. LWT Food Sci. Technol. 44 (1), 158–163. Available from: http://linkinghub.elsevier.com/retrieve/pii/S0023643810002252.

Grześkowiak, Ł., et al., 2011. Manufacturing process influences properties of probiotic bacteria. Br. J. Nutr. 105 (6), 887–894. Available from: http://www.journals.cambridge.org/abstract_S0007114510004496.

Josephs-Spaulding, J., Beeler, E., Singh, O.V., 2016. Human microbiome versus food-borne pathogens: friend or foe. Appl. Microbiol. Biotechnol. 100 (11), 4845–4863. Available from: http://link.springer.com/10.1007/s00253-016-7523-7.

Kim, J.Y., et al., 2014. Inhibition of Salmonella by bacteriocin-producing lactic acid bacteria derived from U.S. kimchi and broiler chicken. J. Food Saf. 35, 1–12.

Krumbeck, J.A., et al., 2015. In vivo selection to identify bacterial strains with enhanced ecological performance in synbiotic applications. Appl. Environ. Microbiol. 81 (7), 2455–2465. Available from: http://www.ncbi.nlm.nih.gov/pubmed/25616794.

Macfarlane, S., Macfarlane, G.T., Cummings, J.H., 2006. Review article: prebiotics in the gastrointestinal tract. Aliment. Pharmacol. Ther. 24 (5), 701–714. Available from: http://doi.wiley.com/10.1111/j.1365-2036.2006.03042.x.

Marco, M.L., et al., 2017. Health benefits of fermented foods: microbiota and beyond. Curr. Opin. Biotechnol. 44, 94–102. Available from: http://linkinghub.elsevier.com/retrieve/pii/S095816691630266X.

Morris, C., Morris, G.A., 2012. The effect of inulin and fructo-oligosaccharide supplementation on the textural, rheological and sensory properties of bread and their role in weight management: a review. Food Chem. 133 (2), 237–248. Available from: http://linkinghub.elsevier.com/retrieve/pii/S030881461200060X.

Reynolds, J., Kenward, E., 2016. Special report fermented foods set to flourish in 2016. Food ingredients first. Available from: http://www.foodingredientsfirst.com/news/SPECIAL-REPORT-Fermented-Foods-Set-to-Flourish-in-2016?frompage=news.

Roberfroid, M., 2002. Functional food concept and its application to prebiotics. Dig. Liver Dis. 34 (Suppl. 2), S105–S110. Available from: http://www.ncbi.nlm.nih.gov/pubmed/12408452.

Rodriguez, E., et al., 2005. Antimicrobial activity of pediocin-producing *Lactococcus lactis* on *Listeria monocytogenes, Staphylococcus aureus* and *Escherichia coli* O157:H7 in cheese. Int. Dairy J. 15, 51–57.

Rodriguez-Pazo, N., et al., 2013. Cell-free supernatants obtained from fermentation of cheese whey hydrolyzates and phenylpyruvic acid by *Lactobacillus plantarum* as a source of antimicrobial compounds, bacteriocins, and natural aromas. Appl. Biochem. Biotechnol. 171, 1042–1060.

Sanders, M.E., 2000. Considerations for use of probiotic bacteria to modulate human health 1. J. Nutr. 130, 384–390. Available from: http://www.kalbemed.com/Portals/6/kome-lib/gastrointestinal_and_hepatobiliary system/Probiotik/Synbio/considerations for use of probiotic bacteria.pdf.

Srimark, N., Khunajakr, N., 2015. Characterization of the bacteriocin-like substance from *Lactococcus lactis* subsp. *lactis* WX153 against swine pathogen *Streptococcus suis*. J Health Res. 29, 259–267.

Tejero-Sarinena, S., et al., 2012. In vitro evaluation of the antimicrobial activity of a range of probiotics against pathogens: evidence for the effects of organic acids. Anaerobe 18, 530–538.

Tufarelli, V., Laudadio, V., 2016. J. Exp. Biol. Agric. Sci. Available from: https://www.cabdirect.org/cabdirect/abstract/20163217866.

Zalan, Z., et al., 2009. Production of organic acids by *Lactobacillus* strains in three different media. Eur. Food Res. Technol. 230, 395–404.

Zhang, X., et al., 2014. A new high phenyl lactic acid-yielding *Lactobacillus plantarum* IMAU10124 and a comparative analysis of lactate dehydrogenase gene. FEMS Microbiol. Lett. 356, 89–96.

Zink, D., 1997. The impact of consumer demands and trends on food processing. Emerg. Infect. Dis. 3 (4). Available from: https://wwwnc.cdc.gov/eid/article/3/4/pdfs/97-0408.pdf.

第 10 章
肠道微生物群和营养学的未来

> **目的**
> - 理解目前肠道菌群研究的不足之处以及未来的研究方向,及其与营养之间的普遍性和特殊性关系。
> - 预测肠道菌群研究对营养学实践的影响。

尽管通过目前的大型研究计划及其投入的巨额经费,获得了大量的研究数据,但肠道菌群研究仍然存在很多问题。目前仍非常缺乏对肠道菌群与营养学方面实用性的理解;除了当前应用的益生菌、益生元和粪菌移植以外,临床医生和生物公司仍无法为大众提供其他的具体产品和切实可行的建议。然而可以肯定的是,未来5~10年关于肠道菌群的研究,将会见证他们开发新的措施来解答健康问题。

目前全球众多公司正在研发基于微生物组的治疗手段,针对某些特定的临床疾病或症状,同时食品制造商也在着力开发整合益生菌或益生元的功能食品,以供健康人群消费。基于肠道菌群的最新研究成果,上述2种产品对于增进大众健康都是不可或缺的。

在某种程度上,科学家已经描述了定植于人类消化道的微生物的特征,认为它们是一种特殊但无形的"器官"(Brown 和 Hazen,2015)。随着大众对肠道菌群的理解,可能确实应该将其视为一个器官,或者通过其他更形象的比喻逐步加深大众对它的理解。通过一对一的交谈,临床医生也可以促进这一概念的普及。

肠道微生物组研究的未来

目前,主要的慢性疾病几乎都与肠道菌群存在某种形式的联系。这些初步的联系既让人感到兴奋,有时又让人感到有夸大的可能。显然,在未来的几年里,肠道微生物组科学将持续发展,从而促进我们对微生物如何影响整体健康的理解,但在目前与肠道菌群失调有关的疾病中,肠道微生物结构和功能的紊乱可能仅与其中少数的疾病存在因果关系。这些将进一步揭示膳食影响整体健康的可能性和局限性。

提高肠道菌群研究的精度

本书中的许多研究揭示了肠道菌群在门或属水平的组成模式,但是以这一粗略的水平研究细菌,可能无法深入揭示和发现菌群与疾病之间的联系。因此,研究人员需要探索在种甚至株的水平上解析微生物群的方法。只有通过提高研究精度,科学家才能对共同显著影响疾病的细菌群落进行梳理,以及探讨这些群落如何应对外界环境的影响(Brito 和 Alm,2016)。

探索细菌以外的微生物

探索肠道微生物群落中非细菌成员的特征,目前尚在萌芽阶段。随着这一领域的发展,研究人员将会深入理解关键的真核微生物、病毒/噬菌体和古细菌在微生物生态系统中产生的稳定性或不稳定性,以及这些成员之间的跨界相互作用对健康和疾病的影响(Filyk 和 Osborne,2016)。

观察肠道菌群的实时动态变化

现有证据显示,在单一环境中,肠道菌群的结构和功能会随着时间而变化;但尚不清楚这些变化是否与健康和疾病有关。未来能够实时监测肠道菌群变化的新兴工具将会具有很大价值(Earle 等,2015;Geva-Zatorsky 等,2015;Ziegler 等,2015),其将有助于理解肠道菌群发生相关变化的时间维度,并能提供微生物之间以及与宿主细胞相互作用的具体细节。

回归基于培养的微生物学

宏基因组学研究已经获得了大量未知微生物的基因序列(Lagier 等 2016),因此,研究人员需要重新培养群落中有价值的特定微生物,以便深入了解它们的特殊属性,以及如何对群落整体和宿主产生重要影响(Marx,2016)。研究人员更加强调利用微生物培养组学信息的必要性,通过这种方法整合微生物培养、质谱分析技术和 16sRNA 测序技术。目前,研究人员已经从人体消化道中分离出多达 2 倍于以前的微生物种类(Lagier 等,2016)。

聚焦微生物生态学

每种微生物都在其生态系统中发挥作用,这一点对于旨在通过微生物群改变健康状况的治疗理念至关重要。生态学法则很有可能影响研究人员对肠道微生物群的理解,然而目前很多研究仅仅关注到微生物群组成的改变。例如目前的益生菌疗法认为,在一个固定多样的微生态系统中,添加一种或一组类似的微生物,会对健康发挥某种有益的作用。通过深入理解肠道微生态,以及可能影响健康状态的微生物之间的相互作用,可以改善目前这些治疗措施的有限疗效。尽管整合这些观点需要更高级的计算方法,但如果不考虑微生物生态学,则可能难以通过调整微生物促进人类健康的提升。此外,必须考虑肠道环境下的微生物群落行为的特殊性(例如消化道内具有特殊活性的基础菌种),特别是将来应用粪菌疗法和合成粪便疗法时(总称为微生物生态疗法,MET)(Allen-Vercoe 等,2012)。

聚焦于系统视角

我们逐渐明确肠道菌群是全身动态系统的一部分。仅通过探索肠道菌群组成变化无法获得更深的认识,科学家必须判定这些变化如何与其他变量(例如特异性的代谢产物)在时间与空间上发生相互作用。系统生物学方法可以利用多种平台研究总体的细胞生物学过程(图10.1)。这些技术包括经典的组学方法,例如转录组学、蛋白组学和代谢组学,以及整合了多种数据类型的新型数学方法和计算工具。

在系统生物学方法中,研究人员可以通过建立网络,系统性地分析不同组分之间的关系,以便于理解。例如,通过蛋白质组学数据,他们可以建立蛋白质-蛋白质相互作用网络。同时,一旦这些生物学网络建立,就可以利用多种不同的方法,从这些信息中产生有价值的分析结果。对于人类微生物组研究,Borenstein强调了建立预测性系统模型的迫切性(Borenstein,2012)。这些方法需要对资源进行深入分析,或许可以通过加强协作和数据共享来实现。

挖掘肠道微生物组以研发新药

研究人员目前仅初步触及了一些肠道菌群分泌的生物活性物质。对这些微生物产物进行探究是一个具有巨大潜能的药物研发领域;通过利用肠道内的"微生物药剂师",建立新一代的治疗方法(Spanogiannopoulos 等,2016)。

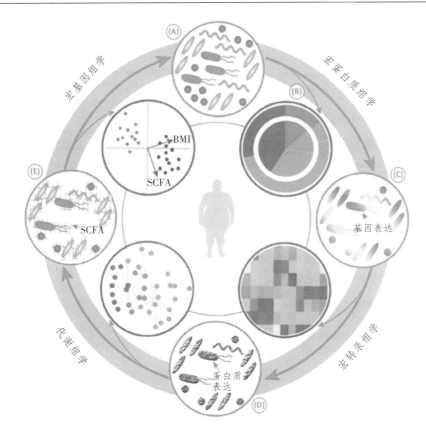

图 10.1 宿主-微生物-膳食之间复杂的相互作用需要整合多种"组学"技术,以阐明肠道微生物的作用机制,从而获得对疾病治疗的深入理解。需要整合的信息包括(A)分类变量、(B)宏基因组学数据、(C)微生物基因表达(宏转录组学)、(D)蛋白质表达(宏蛋白质组学)和(E)与肠道微生物紊乱相关的代谢产物(代谢组学),例如短链脂肪酸(SCFA)。BMI,体重指数。(From H. Wu, V. Tremaroli, F. Bäckhed, Linking microbiota to human diseases: a systems biology perspective, Trends Endocrinol. Metab. 26(12)(2015)758–770, Copyright 2015, with permission from Elsevier.)

营养学的未来

毋庸置疑,肠道微生物组持续研究产生的成果,将会影响将来人类对于营养学及其实践的认知方式。尽管肠道菌群科学不会推翻既往数十年营养学研究成果所建立起来的知识和规范,但是其带来的深入的机制研究,将是理解食物对人体全面影响的重要部分。

不断变化的健康营养评估理念

随着对膳食和肠道菌群的深入理解,营养措施和人类健康之间的关系可能会发生变化。即便是增加热量摄入会增加体重这样简单的概念,虽然仍被广泛认同,也被逐渐证实(在某些情况下)有赖于肠道菌群的相关因素(Krajmalnik-Brown 等,2012)。因此,未来临床医生在对患者进行营养评估的时候,可能需要考虑肠道菌群的作用。热量、血糖指数和其他营养参数之间特定的相关性,及其在营养评估中的作用,将会随着研究的深入而进展。

开发个体化的营养措施

某些膳食方法仅对部分个体有效。现有的数据表明,膳食对宿主健康可能具有个体化效应——这取决于个体的肠道微生物组成,其组成同时取决于遗传和环境因素(参见第5章)。有证据提示个性化营养方案的必要性,一般的膳食建议将不再能够满足所有个体。临床医生可通过快速分析肠道菌群的技术方法,获取关于菌群的分类或功能特征,这将会极大改变营养学家的临床实践,使其可以利用这些信息提供高度个体化的营养建议(Harvie 等,2016)。

利用膳食治疗疾病

目前尚缺乏足够证据支持利用膳食治疗某些疾病的特殊症状。不过随着对肠道菌群与疾病之间关联机制的深入探索,研究人员需要重新审视现有医疗模式下某些疾病的分类方法和诊断原则,使他们能够对患者人群进行不同的分层,并针对不同个体实施靶向治疗措施(Wu 等,2015)。例如,为了获得深入的因果关系,Shoaie 和同事们开发了称为"群落系统水平交互式优化"(CASINO)的计算平台,用以模拟膳食干预对肠道菌群和宿主代谢的作用(Shoaie 等,2015)。类似的这类工具使科学家能更好地预测改变膳食成分对健康的所造成影响;膳食或许可以作为一种调节肠道菌群的干预措施被推荐给患有某些疾病的人群。特别是在生命的早期阶段,膳食干预或许最有可能影响其一生的健康。

利用膳食调节或维持健康人体的肠道菌群

科学家一旦清楚哪些肠道微生物组特征是疾病发出的特异信号,就可能通过膳食调整肠道菌群,从而尽量预防疾病的发生(Brahe 等,2016)。食品科学家则可以开发功能(营养适应性)食品,以重建肠道菌群的正常功能,并根据常规肠道菌群的监测结果推荐相应的功能食品。对于婴幼儿、老年、本地区居民和迫切需要保持健康的人群,这种措施或许十分重要。随着人们对膳食与健康和疾病关系的认识逐渐增加,营养学家参与患者终身医疗服务的重要性将会日益凸显。

(倪阵 杜鑫浩 吴迪梁 译)

参考文献

Allen-Vercoe, E., et al., 2012. A Canadian Working Group report on fecal microbial therapy: microbial ecosystems therapeutics. Can. J. Gastroenterol. 26 (7), 457–462. Available from: http://www.ncbi.nlm.nih.gov/pubmed/22803022.

Borenstein, E., 2012. Computational systems biology and in silico modeling of the human microbiome. Brief. Bioinform. 13 (6), 769–780. Available from: http://www.ncbi.nlm.nih.gov/pubmed/22589385.

Brahe, L.K., Astrup, A., Larsen, L.H., 2016. Can we prevent obesity-related metabolic diseases by dietary modulation of the gut microbiota? Adv. Nutr. 7 (1), 90–101. Available from: http://www.ncbi.nlm.nih.gov/pubmed/26773017.

Brito, I.L., Alm, E.J., 2016. Tracking strains in the microbiome: insights from metagenomics and models. Front. Microbiol. 7, 712. Available from: http://www.ncbi.nlm.nih.gov/pubmed/27242733.

Brown, J.M., Hazen, S.L., 2015. The gut microbial endocrine organ: bacterially derived signals driving cardiometabolic diseases. Annu. Rev. Med. 66, 343–359. Available from: http://www.ncbi.nlm.nih.gov/pubmed/25587655.

Earle, K.A., et al., 2015. Quantitative imaging of gut microbiota spatial organization. Cell Host Microbe 18 (4), 478–488. Available from: http://www.ncbi.nlm.nih.gov/pubmed/26439864.

Filyk, H.A., Osborne, L.C., 2016. The multibiome: the intestinal ecosystem's influence on immune homeostasis, health, and disease. EBioMedicine 13, 46–54. Available from: http://linkinghub.elsevier.com/retrieve/pii/S2352396416304625.

Geva-Zatorsky, N., et al., 2015. In vivo imaging and tracking of host–microbiota interactions via metabolic labeling of gut anaerobic bacteria. Nat. Med. 21 (9), 1091–1100. Available from: http://www.nature.com/doifinder/10.1038/nm.3929.

Harvie, R., et al., 2016. Using the human gastrointestinal microbiome to personalize nutrition advice: are registered dietitian nutritionists ready for the opportunities and challenges? J. Acad. Nutr. Diet. 110, 48–51. Available from: http://www.ncbi.nlm.nih.gov/pubmed/27986518.

Krajmalnik-Brown, R., et al., 2012. Effects of gut microbes on nutrient absorption and energy regulation. Nutr. Clin. Pract. 27 (2), 201–214. Available from: http://www.ncbi.nlm.nih.gov/pubmed/22367888.

Lagier, J.-C., et al., 2016. Culture of previously uncultured members of the human gut microbiota by culturomics. Nat. Microbiol. 1, 16203. Available from: http://www.nature.com/articles/nmicrobiol2016203.

Marx, V., 2016. Microbiology: the return of culture. Nat. Methods 14 (1), 37–40. Available from: http://www.nature.com/doifinder/10.1038/nmeth.4107.

Shoaie, S., et al., 2015. Quantifying diet-induced metabolic changes of the human gut microbiome. Cell Metab. 22 (2), 320–331. Available from: http://www.ncbi.nlm.nih.gov/pubmed/26244934.

Spanogiannopoulos, P., et al., 2016. The microbial pharmacists within us: a metagenomic view of xenobiotic metabolism. Nat. Rev. Microbiol. 14 (5), 273–287. Available from: http://www.nature.com/doifinder/10.1038/nrmicro.2016.17.

Wu, H., Tremaroli, V., Bäckhed, F., 2015. Linking microbiota to human diseases: a systems biology perspective. Trends Endocrinol. Metab. 26 (12), 758–770. Available from: http://linkinghub.elsevier.com/retrieve/pii/S1043276015001940.

Ziegler, A., et al., 2015. Single bacteria movement tracking by online microscopy—a proof of concept study. In: Driks, A. (Ed.), PLoS One 10 (4), e0122531. Available from: http://dx.plos.org/10.1371/journal.pone.0122531.

索 引

B

靶向治疗措施　152
病毒/噬菌体　149

C

操作分类单元　9
肠道病毒　43
肠道病原微生物　48
肠道宏基因组　7
肠道激素　27
肠道菌群变化　149
肠道菌群遗传性　74
肠道菌群组成和功能　74
肠道神经系统　22
肠道细菌定植　16
肠道先天免疫　22
肠道相关淋巴组织　22
肠道真核生物　43
肠易激综合征　61,112
常规营养素　87
传统饮食模式　92

D

大脑结构/功能　24
大脑相关疾病　63
代谢综合征　56,97
低FODMAP饮食　134

地中海饮食　96
动脉粥样硬化　59
短链脂肪酸　20
短期节食　132

E

儿童肠道菌群　40
二代益生菌　114

F

发酵食品　135,141
非酒精性脂肪性肝病　60
肥胖　56
分娩方式　36,37
粪便丁酸盐　82
粪菌移植　108,120

G

肝性脑病　119
个体化的营养措施　152
功能食品　140
共同黏膜免疫系统　47
固体食物　34
过敏性疾病　53

H

合生元　118
环境因素　74

J

加工食品　135
艰难梭菌感染　50,120
结直肠癌　62
酒精性肝病　61

K

抗性淀粉　20

L

老年人肠道菌群　42
滤泡相关上皮　22

M

免疫信号　15,27
免疫治疗药物　119
母乳喂养　39

N

脑肠轴　24
内分泌信号　15
诺如病毒　52

Q

全肠内营养　123
全基因组模型　12
全基因组鸟枪(WGS)测序　12

R

人类微生物　1
人类微生物组计划　6
蠕虫感染　123

S

膳食纤维　87,135
神经元激活　15,25

神经元兴奋性　26
生活环境因素　81
生命周期　34
食品安全　144
食品加工　140
食品添加剂　100
食物成分　97
素食饮食　94

T

胎盘微生物　36
调控肠道菌群　108

W

微量营养素　91
微生物代谢产物　47
微生物的多样性　40
微生物合剂　108,121
微生物耐受性　46
微生物群的功能　6
微生物群落　5
微生物生态学　150
微生物组成　5
胃肠道稳态　46
喂养方式　39
无麸质饮食　133

X

西方饮食模式　92
系统生物学　150
细菌定植　15
消化道细菌　15
哮喘气道　53
心理应激　82

心血管疾病 59

Y

炎性肠病 54

遗传因素 74

抑郁症 113

益生菌干预 111

益生元 115

饮食模式 87

饮食治疗 130

婴儿微生物组 36

婴儿饮食 34

婴幼儿健康 114

营养评估 152

营养实践指南 137

Z

早产儿 38

其他

16S rRNA(16S)测序 12

2 型糖尿病 57

"低碳"饮食 132

"古饮食" 134